乡村特色农业实用技术丛书

# 调味辣椒栽培与 病虫害防治技术

◎ 宋占锋　巩雪峰　赵黎明　主编

中国农业科学技术出版社

## 图书在版编目（CIP）数据

调味辣椒栽培与病虫害防治技术／宋占锋，巩雪峰，赵黎明主编.—北京：中国农业科学技术出版社，2021.1

（乡村特色农业实用技术丛书／李典友，王兴翠，陈新，宋占锋，李晓莉主编）

ISBN 978-7-5116-4885-3

Ⅰ.①调… Ⅱ.①宋…②巩…③赵… Ⅲ.①辣椒-蔬菜园艺②辣椒-病虫害防治 Ⅳ.①S641.3②S436.418

中国版本图书馆 CIP 数据核字（2020）第 131247 号

责任编辑　陶　莲
责任校对　李向荣

出 版 者　中国农业科学技术出版社
　　　　　北京市中关村南大街 12 号　邮编：100081
电　　话　(010)821096625(编辑室)　(010)82109704(发行部)
　　　　　(010)82109709(读者服务部)
传　　真　(010)82106625
网　　址　http://www.castp.cn
经 销 者　各地新华书店
印 刷 者　廊坊佰利得印刷有限公司
开　　本　880mm×1 230mm　1/32
印　　张　3.375
字　　数　81 千字
版　　次　2021 年 1 月第 1 版　2021 年 1 月第 1 次印刷
定　　价　19.80 元

# 《调味辣椒栽培与病虫害防治技术》
## 编　委　会

# 前　言

PREFACE

辣椒富含维生素 C，味辛辣，食之能刺激味蕾、帮助消化，果实颜色鲜艳，可吸引消费者注意力。因此，辣椒广泛地应用于我国各地菜肴，多元化的菜品，满足了不同消费者的食欲，如著名的川菜、湘菜等地方特色菜系就是因辣椒而出名。辣椒在菜肴方面的应用最为突出的是我国西南地区及周边省市，已成为当地重要的调味品。

辣椒在调味品方面的广泛应用，带动了辣椒种植规模的不断扩大。目前，辣椒已成为我国栽培面积最大、效益最高的蔬菜作物，2018 年栽培面积达 3 200 万亩（1 亩 ≈ 667 平方米，全书同）以上，产值超过 1 100 亿，其中加工辣椒栽培面积 1 800 万亩左右，占我国辣椒栽培面积的 56.3%，占世界上加工辣椒面积的64.3%，中国已成为世界上加工辣椒种植面积最大的国家。

我国又是世界上最大的辣椒加工和消费国，四川省、贵州省、云南省、重庆市、河南省、湖南省、新疆维吾尔自治区（全书简称新疆）、山东省、山西省、陕西省、内蒙古自治区（全书简称内蒙古）、河北省等地是我国加工辣椒生产和加工消费的核心区，占全国加工辣椒生产和消费的 90% 和 70% 以上。加工产品涵盖辣椒干、辣椒粉、辣椒油、豆瓣酱、辣椒酱、剁辣椒、泡辣椒、火锅调料、鱼调料等诸多粗加工产品。随着辣椒红色素、辣椒素提取技术的不断改进，精深加工产业也在蓬勃发展，新疆、内蒙古、天津市、河北省、山东省、四川省等地已成为我国辣椒精深加工产品的优势区域。

随着脱贫攻坚工作的不断深入，发展产业已成为贫困地区实现精准脱贫、永久脱贫的重要手段之一。因辣椒种植周期短、见效快、产业链成熟，深受贫困地区欢迎，特别是随着国家实施美丽乡村建设、产城融合等举措，辣椒更成为不可或缺的重要经济作物之一。

我国巨大的辣椒加工产业和消费市场为调味辣椒产业的健康、快速发展提供了强有力的支撑。但是我国调味辣椒产区分布广，气候、土壤等差异大，对栽培品种、生产管理技术等都有特定要求，导致椒农在选择品种类型、确定销售目标市场时存在一定不足。本书立足于调味辣椒产业发展需求，本着通俗易懂的原则，从调味辣椒产业概况、主要品种特性及适宜区域、栽培管理技术、主要病虫害的识别与有效防控等方面做了较系统的介绍，以期对椒农的辣椒种植起到一定的帮助作用。

本书编写过程中，得到了云南省农业科学院园艺研究所龙洪进研究员、湖南省蔬菜研究所陈文超研究员、郑州市蔬菜研究所申爱民研究员、重庆市农业科学院蔬菜花卉研究所张世才副研究员，以及湖南湘研种业有限公司刘荣云总经理、新疆隆平高科红安天椒农业科技有限公司宋文胜总经理等朋友的支持和帮助，在此表示感谢！

因作者水平有限，书中不妥之处和疏漏，敬请各位读者批评指正！

编　者

2020 年 6 月

**目 录**
CONTENTS

# 第一章　调味辣椒器官与生长环境

## 第一节　调味辣椒的主要器官

### 一、根

辣椒根系是植株从土壤中吸收养分的重要器官，属浅根系，两排侧生，方向与子叶平行，根系发育较弱，再生能力较差，对土壤养分需求较严格。辣椒根系生长的好与差直接关系着植株的长势和坐果率，并与产量形成有着直接的相关性。因此，培育发达的根系，有助于植株健康生长和产量的提高。可通过选择疏松肥沃的土壤、营造适宜的土壤温湿度、合理施肥、科学灌排等技术措施，使辣椒根系尽可能多地从土壤中吸收有益养分，培育出健壮根系，为辣椒植株茁壮生长、开花坐果等提供支撑。

### 二、叶

辣椒属单叶互生，形状大多披针形、卵圆形等，全缘，叶面光滑、有光泽。辣椒叶片可以从空气中吸收二氧化碳，利用光能，进行光合作用，合成碳水化合物，补充植株生长、坐果等需要的养分。因此，辣椒植株叶片的茂盛程度，决定了光合作用的强与弱。在辣椒栽培管理中，椒农应做好辣椒病虫害的防治工作，减少病虫对辣

椒叶片的为害，同时做好肥水管理，为辣椒叶片的正常生长提供有利条件，增强光合作用，积累充足的养分。

## 三、果

辣椒果实的果形、大小、颜色等性状因品种不同而异；胎座不发达，腔较大，心室2~5个。辣椒果实是椒农种植辣椒的最终产物，通过销售可以获得收益，优质商品果数量的多少直接关系着辣椒产值的高低。因此，在辣椒栽培管理中，椒农可通过科学有效的肥水管理、温湿度控制、病虫害防控，来减少辣椒侵染性病害和非侵染性病害的发生，为商品果的形成提供有利条件，促进高产高收。

# 第二节　调味辣椒的生长环境

## 一、土壤

辣椒属浅根系作物，从土壤中吸肥能力较弱，对土壤类型也有较严格的要求。板结的土壤透气性差，辣椒根系吸收养分能力受阻；沙性过重的土壤保肥保水能力差，造成土壤水分养分流失过快；土壤酸性过高或者过低的土壤影响根系活性，不利于从土壤中吸收有益养分；这些土壤都不利于辣椒植株正常生长。因此，辣椒种植时，选地至关重要，一定要选择适宜的土壤类型。具体要求是：选择土壤相对疏松、肥力中上等、通透性较强、pH 值 6.2~7.5、背风向阳、排灌方便的壤土或沙壤土为宜。

## 二、温度

辣椒属喜温作物，最适生长发育温度为 20~30℃。幼苗期白天生长温度为 20~25℃，夜晚为 15~25℃；开花结果期白天适宜温度为 25℃左右，夜晚为 20℃左右。温度低于 15℃或高于 35℃时，辣椒生长发育缓慢；温度低于 10℃时，辣椒生长停止，持续 3~5 天 5℃以下低温，辣椒就会遭受冷害；果实发育、转色的适宜温度要求在 25℃以上。因此，椒农在对辣椒田间进行管理时，可采用有效的技术措施，营造适宜的温度条件，促进辣椒植株的正常生长，为产量形成提供保障。

## 三、光照

辣椒属喜光作物，需要有充足的光照才能获得理想的光合效果，从而积累丰富的养分，转化为产量。光照不足会引起授粉不良而引起落花落果，影响产量。因此，在辣椒栽培中，应选择光照充足的地方进行辣椒种植，同时需要进行合理密植，增强田间的通风透光性，为辣椒叶片进行光合作用提供充足的光照条件。

## 四、水分

辣椒植株（含果实）水分含量在 70% 以上，足见水分对辣椒植株的重要性。土壤水分不足时，根系吸养能力受阻，植株长势较差，光合强度下降，养分积累不足，影响产量获得，并可造成生理性病害，如缺钙症等。水分过多，又容易造成辣椒根系发育不良诱发青枯病等病害导致植株死亡。因此，适宜的水分供给，可促进辣椒植株正常生长。辣椒土壤水分控制标准：土壤表土干燥、表土下层土湿润为宜。空气湿度也不易太大，否则会引发叶部、果部病害发生，80%左右的空气湿度控制，对辣椒生长有益。

## 五、养分

充足的养分供给，是辣椒正常生长、产量形成的重要因素。辣椒通过根系从土壤中吸收养分，同时还利用叶片进行光合积累养分。为了获得高产栽培，仅从土壤中吸收和叶片光合获得养分还不够，仍需要人为给土壤增施必需的营养元素，补充土壤中不足的养分，为辣椒根系吸收提供充足的养分。一般情况下，采收 1 000 千克辣椒产品，每亩地需要补充的养分标准是：氮 5.2 千克、五氧化二磷 1.2千克、氧化钾 6.5 千克；另外，我国农田施入化肥的利用率不高，在 30%左右。因此，在进行辣椒种植时，为实现目标产量，可进行测土施肥，主要举措是：根据当地土壤养分含量情况、补养标准、化肥利用率等计算出需要施入的化学肥料种类和用量。

# 第二章 调味辣椒品种类型及分布

# 第一节　调味辣椒生产概况

调味辣椒主要功能是增加菜肴的色、香、味，改善菜品质量，满足消费者的视觉、感官需求，从而刺激食欲，有助于消化和新陈代谢，增进人体健康。因此，在我国大部分地区均有栽培，深受消费者喜爱和食用，但不同的地方，消费习惯不同，栽培的辣椒品种和类型也不同。

## 一、调味辣椒种类及用途

### （一）种类

我国栽培辣椒种类齐全，覆盖了一年生辣椒栽培种的全部 5 个变种，即甜椒、牛角椒、羊角椒、线椒和朝天椒，还包括黄灯笼辣椒（*C. chinense*）栽培种，如云南省、海南省等地栽培的涮涮辣、黄灯笼辣椒等。其中可用于调味的辣椒种类有朝天椒、线椒、羊角椒和涮涮辣、黄灯笼辣椒等。

### （二）用途

1. 朝天椒

朝天椒是指果实朝天生长，呈单生或簇生状的辣椒种类，果实形状有指形、锥形、圆锥形、樱桃形等。此类辣椒品种具有辣度高、

生长势旺、连续坐果能力强等特点，还有抗病性强、适应性广等优势，是我国高嗜辣地区主栽品种之一。集中分布在四川省、重庆市、贵州省、云南省等西南地区以及河南省、山东省、山西省、河北省等地，也是用途最广泛的辣椒种类之一。主要用于加工辣椒干、辣椒粉、泡辣椒、火锅调料、鱼调料、辣椒酱等调味品。

2. 线椒

线椒是指形状如线状，粗0.8~1.8厘米，长12~40厘米的辣椒种类。此类辣椒具有皮薄、香味浓、口感优等特性，抗逆性较强，是我国南方的四川省、贵州省、云南省、湖南省、江西省等地以及北方的山西省、陕西省等地主栽品种之一。主要用于加工辣椒干、辣椒粉、泡辣椒、豆瓣酱、辣椒酱、剁辣椒等调味品。

3. 羊角椒

羊角椒是指形状如羊角状，粗2.0~4.0厘米，长15~30厘米的辣椒种类。此类辣椒具有色素含量高、产量高、脱水快等特点，是我国北方地区种植面积较大的主栽品种之一。主要用于加工辣椒干、泡辣椒、豆瓣酱以及提取辣椒素等调味品。

4. 云南涮涮辣和海南黄灯笼辣椒

云南涮涮辣呈不规则的短牛角状，嫩果深绿色，老果鲜红色，抗炭疽病，辣度为100万史高维尔指数，熟性晚，对日照和温度要求严格，仅在云南省德宏州芒市及周边地区有较大面积种植，其他地方种植很难坐果，更难形成商品产量；海南黄灯笼辣椒呈不规则小灯笼状，嫩果黄绿色，老果黄色，抗炭疽病，辣度为40万史高维尔指数，熟性较晚，对日照和温度要求亦较严格，是海南地方品种之一，北方地区种植，也较难获得理想产量。此类辣椒主要用于制作辣椒酱或提取辣椒素等调味品。

## 二、调味辣椒主产区

### (一) 贵州省

贵州省是我国调味辣椒种植面积最大的省份，2018 年播种面积 500 多万亩，主要栽培类型有线椒、朝天椒等。其中线椒约 150 万亩，集中在毕节市、六盘水市、黔东南州等地区，主要用于制作豆瓣酱、辣椒酱和辣椒干等调味品；朝天椒约 350 万亩，集中在遵义市、铜仁市及周边地区，主要用于制作辣椒干、辣椒粉、油辣椒、辣椒酱、泡辣椒等调味品。

### (二) 云南省

云南省的调味辣椒种植面积 200 多万亩，主要栽培类型有线椒、单生朝天椒、小米椒、涮涮辣等。其中线椒约 100 万亩，集中在文山州的广南县、砚山县、丘北县等地，主要用于制作辣椒干、辣椒油、辣椒圈等调味品；朝天椒约 60 万亩，集中在文山州、曲靖市、红河州、楚雄州等地，主要用于制作辣椒干、泡辣椒、辣椒酱等调味品；小米椒约 30 万亩，集中在红河州的个旧市、屏边县以及德宏州等地，主要用于制作泡辣椒等调味品；涮涮辣集中在德宏州、保山市、临沧州、普洱市思茅区等地，主要用于制作辣椒酱、辣椒干和提取辣椒素等调味品。

### (三) 河南省

河南省的调味辣椒种植面积约 200 万亩，主要栽培类型为三樱椒、单生朝天椒、线椒等。商丘市的柘城县、南阳市的淅川县、濮阳市的清丰县、安阳市的内黄县、许昌市的襄县和鄢陵县，漯河市的临颍县以及洛阳市的伊川县等地是主产区。主要用于制作辣椒干、

辣椒粉、火锅调料、鱼调料、豆瓣酱等调味品。

## （四）山东省

山东省的调味辣椒种植面积 100 多万亩，主要栽培类型有朝天椒、益都椒、北京红等，集中在济宁市、德州市及周边地区，主要用于制作辣椒干、辣椒粉、辣椒丝、腌制辣椒、辣椒酱等调味品。

## （五）新疆

新疆的调味辣椒种植面积 100 多万亩，主要栽培类型有线椒、羊角椒、朝天椒等。主产区集中在北疆的石河子市、阿勒泰市、博乐市和沙湾县，南疆的莎车县、疏勒县、焉耆县、和静县、和硕县和博湖县。主要用于制作辣椒干、辣椒粉、辣椒酱以及提取辣椒素等调味品。

## （六）湖南省

湖南省调味辣椒种植面积约 100 多万亩，主要栽培种类有线椒、朝天椒等。集中在湘西州的芦溪县、怀化市的溆浦县、娄底市的双峰县、邵阳市的隆回县及周边地区，主要用于制作剁辣椒、白辣椒、酱辣椒、辣椒干等调味品。

## （七）四川省

四川省的调味辣椒种植面积 80 多万亩，主要栽培种类有线椒、朝天椒和羊角椒，集中在成都市、绵阳市、广元市、南充市、达州市、资阳市、自贡市、宜宾市、泸州市以及凉山州等地。主要用于制作豆瓣酱、泡辣椒、辣椒干等调味品。

## （八）重庆市

重庆市的调味辣椒种植面积约 50 万亩，主要栽培种类有朝天椒、线椒等，集中在重庆市的石柱县、綦江区、忠县、黔江区、梁平区等地，主要用于制作辣椒干、辣椒粉、火锅调料、鱼调料、豆瓣酱以及泡辣椒等调味品。

# 第二节　调味辣椒的主要栽培品种

## 一、优质地方品种

### （一）二荆条

1. 品种特性

四川二荆条（图2-1）是四川省地方品种，属线椒类型，中早熟，首花节位12节左右；果长18~25厘米，粗1.2~1.6厘米，尾部带钩，单果重15~20克，亩产量1 000~2 000千克；植株高80厘米左右，节间长而软，开展度大；具有皮薄、香味浓，油脂高等优点，是制作优质郫县豆瓣的最佳原料。

2. 主要种植区域

目前四川地区二荆条种植面积较大的区域有双流牧马山片区、南充市的西充县等地，其他地方也有一定种植。四川省成都市的双流区、南充市西充县先后于2009年、2010年申请获批了二荆条地理保护标志，加强了对二荆条的保护和利用，将有助于四川二荆条这一地方品种的进一步开发和利用。

3. 主要用途

四川二荆条除了可以用于制作豆瓣酱外，还可以加工辣椒粉、泡辣椒和辣椒油等调味品。而且四川二荆条干椒还是制作"四川红油"的优质原料。

图 2-1　二荆条

## （二）8819

### 1. 品种特性

8819（图 2-2）是原陕西省农业科学院蔬菜研究所、岐山县农业技术推广中心、宝鸡市经济作物研究所和陕西省种子管理站等单位联合选育而成。中早熟品种，全生育期 180 天；株型紧凑、二叉分枝，结果集中，植株高 70 厘米，开展度 45~50 厘米；果实线形，簇生，鲜红发亮，长 15.2 厘米，粗 1.25 厘米，单果重 7.4 克；具有皮薄、香味浓等特点，干椒率 19.8%；适合干制和加工；对病毒病、疫病、炭疽病、枯萎病等有较强的抗性。该品种经多代系统选育后，已成为陕西省地方品种。

### 2. 主要种植区域

8819 经过多代选育，已经衍生出了一系列同类型新品种，主要

图 2-2　8819

种植区域为陕西宝鸡地区的岐山县、扶风县、凤翔县等地，甘肃省、新疆等地也有较大面积种植。

3. 主要用途

8819 主要用于制作油辣子、剁辣椒、豆瓣酱等调味品。

（三）丘北辣椒

1. 品种特性

丘北辣椒（图 2-3）是云南省文山州丘北县地方品种。中熟，首花节位 10 节，全生育期 178 天；植株生长势强，株高 68 厘米，开展度 64 厘米；果实线形，微弯，向上微尖，挂果集中，果长 5～13 厘米，粗 0.4～1.2 厘米，单果重 3～8 克；果面油亮光滑，有凹凸，中辣，油分含量高；亩干椒产量 150～300 千克。

图 2-3　丘北辣椒

## 2. 主要种植区域

丘北辣椒主要在云南省文山州盐山县、丘北县等地有较大规模种植。当地政府还于 2012 年将"丘北辣椒"申请获批为国家农产品地理标志，加强了对该地方品种的保护和开发利用。

## 3. 主要用途

丘北辣椒具有皮薄、颜色好、油脂含量高等优点，主要制作辣椒干、辣椒圈、辣椒油等调味品。

## （四）遵椒系列

### 1. 品种特性

遵椒（图 2-4）系列，贵州地方品种，是遵义地区传统的朝天椒品种，因在虾子镇一代种植规模大而集中，又称"虾子辣椒"。该类型为无限分枝型，主要为二叉分枝，株高 70 ~ 90 厘米，开展度 40 ~ 60 厘米，果长 3 ~ 6 厘米，亩产干椒 250 千克左右。主要品种有遵椒一号、遵椒二号、遵椒三号等。

遵椒一号，果实园锥形，果顶尖、钝，果面光滑、果长 3 ~ 4 厘

图2-4 遵椒

米，粗2厘米；青果绿色，老熟果深红色；平均单果干重1.2克；形状均匀，肉厚质细，果实味中等偏辣。

遵椒二号，果实指型，果顶尖，果面光滑、果长5~7厘米，粗1.7厘米；青果绿色，老熟果深红色；平均单果干重1.1克；形状均匀，肉厚质细，果实味辣。

遵椒三号，果实樱桃形，果顶尖，果面光滑，果长2.3~3厘米，粗1.5厘米；青果绿色，老熟果深红色；平均单果干重1克；形状均匀，肉厚质细，果实辣味适中。

2. 主要种植区域

遵椒系列辣椒主要在贵州省遵义、铜仁西部和毕节北部有较大面积种植。2009年12月，"虾子辣椒"正式获批为国家地理标志保护产品。

3. 主要用途

遵椒系列辣椒主要用于制作辣椒干、辣椒粉、泡辣椒、火锅底料等调味品。

## (五) 三樱椒

### 1. 品种特性

三樱椒 (图 2-5), 又名天鹰椒、天樱椒等, 属于簇生朝天椒的一种。20 世纪 70 年代引入我国天津市、河北省、河南省等地进行试种后, 经过多代选育后衍生出系列品系, 以"三樱椒""新一代"最为出名, 目前已成为河南省、河北省、天津市、山东省等地主要栽培品种之一。

图 2-5 三樱椒

三樱椒, 中晚熟, 生育期 120~135 天; 植株紧凑、茎直立生长, 分枝能力强, 株高 40~60 厘米; 果实长卵形, 弯曲, 上端形似鹰嘴, 簇生朝天, 长 5~9 厘米, 粗 0.9 厘米左右, 单果重 0.45 克, 每株结椒 150~200 个, 亩产干椒 250~350 千克。

新一代, 从三樱椒中选育的替代品种, 中晚熟; 株型紧凑, 株高 80 厘米左右, 开展度 40~50 厘米; 果实指形, 簇生朝天, 端部鹰嘴状,成熟椒果深红色,长5~7厘米、粗0.8厘米,椒皮油亮;香辣味浓,亩产干椒可达400千克。

**2. 主要种植区域**

三樱椒系列品种主要在河南省柘城、淅川、内黄、临颍、鄢陵、清丰等有较大面积种植,同时,在山东省、河北省、天津市等地也有较大面积生产。

**3. 主要用途**

三樱椒系列辣椒品种主要用于制作辣椒干、辣椒粉、火锅底料、鱼调料等调味品。

## (六)益都椒

**1. 品种特性**

益都椒(图2-6),是山东省青州市(原益都县)地方品种,早中熟,株高40~80厘米、开展度50厘米左右;果实羊角形,长10~15厘米,粗2.5~3.3厘米,单果重18~30克,亩产鲜椒2 000千克左右。

图2-6 益都椒

2. 主要种植区域

益都椒目前是我国用于制酱、腌制、干制的主栽品种之一，在山东省、河北省、内蒙古、新疆、甘肃省等地大面积种植。

3. 主要用途

益都椒主要用于制作辣椒干、豆瓣酱、腌制辣椒等调味品；四川省的郫县豆瓣也用益都椒来生产加工"红油豆瓣"系列产品。

## 二、优良杂交品种

### （一）北京红

1. 品种特性

北京红（图2-7），是利用益都椒改良而来。品种熟性较早；生长势强，株高80~100厘米，开展度60~80厘米；果实羊角形，老熟果枣红色，皮厚、平整有光泽，长11~14厘米，粗1.0~2.0厘

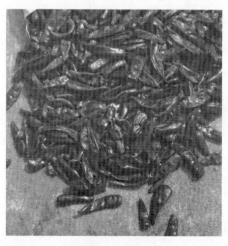

图2-7 北京红

米，单果重 12 克左右，单株坐果 30~40 个，亩产鲜椒 2 000~3 000 千克；辣味中等，商品性好。

2. 主要种植区域

北京红因色素含量高，是用于制作"红油豆瓣"的主要原料之一，在山西省、内蒙古、新疆、甘肃省、山东省、河北省等地种植面积较大。

3. 主要用途

北京红主要用于制作辣椒干、豆瓣酱等调味品。

## （二）美国红

1. 品种特性

美国红（图 2-8），从美国引进高色素含量杂交辣椒品种，经过多年栽培后衍生出系列品种类型。早熟，首花节位 7~9 节；株高 70 厘米，株幅 50 厘米；果实羊角形，嫩果深绿色，老熟果深红色，长 12~16 厘米，粗 2.5~3.5 厘米，单果重 28~35 克，肉厚 0.25 厘米；辣味强，较抗白粉病、疫病。

图 2-8　美国红

## 2. 主要种植区域

美国红辣椒目前在我国新疆、内蒙古、甘肃省等地有较大面积种植。

## 3. 主要用途

美国红辣椒因色素含量高、辣味浓，主要用于提取辣椒素、也可用于制作辣椒豆瓣酱。

### (三) 金塔辣椒

### 1. 品种特性

金塔辣椒（图2-9），从韩国引进的杂交品种。中熟，首花节位9~13节，生育期160~180天；生长势旺，分枝能力强，植株高80~90厘米，开展度50~70厘米；果实羊角形，皮厚光滑，长13~20厘米，粗1.8~3.0厘米，单果重20~30克，亩产鲜椒3 000~4 000千克；色素含量高。

**图2-9 金塔辣椒**

2. 主要种植区域

金塔辣椒目前在我国新疆、内蒙古、甘肃省、山东省、河北省、山西省、四川省等地种植。

3. 主要用途

金塔辣椒主要用于制作豆瓣酱等调味品。

（四）天椒红冠

1. 品种特性

天椒红冠（图2-10），新疆隆平高科红安天椒农业科技有限公司选育。早熟，首花节位11节；植株开张，长势中等，侧枝多；株高60~70厘米，株幅55厘米左右；果长12厘米左右，粗2.3厘米左右，主侧枝会同时结果，单株结果数60个左右，平均亩产干椒500千克左右；抗性好；红果色深，辣味浓，辣度4万~6万史高维尔指数。

图2-10　天椒红冠

**2. 主要种植区域**

新疆南北疆、甘肃省、内蒙古、山西省等地。

**3. 主要用途**

制粉、制酱、火锅用椒及辣椒素提取。

## （五）红龙12号

**1. 品种特性**

红龙12号（图2-11），新疆隆平高科红安天椒农业科技有限公司选育。早熟，首花节位7~9节；无限分枝类型，株形较开张，植株生长势中等，株高50~60厘米，株幅40~50厘米；叶片长卵圆形，叶色深绿；果实锥形，单生，长6~7厘米，粗3.0~3.5厘米左右，干椒单果重3.5克左右，连续坐果能力强，单株坐果数45个左右，青果深绿色，成熟果深红色；辣味强，易晒干，果实成品率高；平均亩产干椒450千克；对病毒病、疫病、细菌性斑点病有较强抗（耐）性。

图2-11　红龙12号

2. 主要种植区域

新疆南北疆、甘肃省、内蒙古、山西省等地。

3. 主要用途

制粉、制酱、火锅用椒、辣椒素提取。

## (六) 博辣红牛

### 1. 品种特性

博辣红牛 (图 2-12) ，湖南省蔬菜研究所选育。早熟，首花节 10~11 节，始花期比湘辣 4 号早 5~8 天；植株生长势较强，株高 65 厘米左右，株幅 60 厘米左右；青果浅绿色，生物学成熟果红色，果实线形，果表光亮，长 18~22 厘米，宽 1.6~1.8 厘米，肉厚 0.20 厘米，单果重 18~25 克；味辣，果实中辣椒素含量为 0.425 克/100 克，维生素 C 含量为 176.5 毫克/100 克，可溶性糖含量为 3.15%左右，红色素含量 532.8 毫克/千克，干物质含量为 19.8%。

**图 2-12 博辣红牛**

### 2. 主要种植区域

新疆、甘肃省、陕西省、山西省、内蒙古、湖南省、湖北省、四川省、重庆市等地有大面积种植。

3. 主要用途

主要用于制作干辣椒、豆瓣酱等调味品。

## （七）艳椒 425

1. 品种特性

艳椒 425（图 2-13），重庆市农业科学院蔬菜研究所选育的杂一代单生朝天椒品种。中晚熟，从定植到始收红椒 105~125 天；生长势较强，株型较开展，株高 80~100 厘米，开展度 90 厘米左右；果实指形，单生朝天，青果绿色，老熟果大红色，长 8.9 厘米，粗 1.1 厘米，肉厚 0.14 厘米，单果重 4.4 克，单株挂果 140 个左右，亩产鲜椒 2 000 千克以上；辣椒素含量 0.188%，辣红素含量 387 毫克/千克，干物质含量 24.7%，脂肪含量 8.7%；适合制干和泡制。田间鉴定病毒病平均病情指数为 1.8，炭疽病发病率平均为 1.2%。

**图 2-13　艳椒 425**

2. 主要种植区域

在我国重庆市、四川省、贵州省、云南省、河南省等地种植面积较大。

3. 主要用途

主要用于制作辣椒干、辣椒粉、火锅底料、鱼调料等调味品。

## （八）星秀

### 1. 品种特性

星秀（图2-14），湖南湘研种业有限公司选育。中熟，首花节位12~14节；植株生长势强，株高76~80厘米，株幅75厘米，分枝较多；果实小羊角形，青果为黄色，成熟果为红色，长6.6~7.0厘米，粗1.1~1.3厘米，果肉厚0.11~0.14厘米，2个心室为主，单果重4.6~5.0克，单株挂果多，丰产潜力大；果顶尖，果皮薄，味辛辣；耐湿热，抗性强。

图2-14 星秀

2. 主要种植区域

主要在湖南省、江西省、广西壮族自治区、贵州省，云南省、河南省、安徽省、山东省等地大面积栽培。

3. 主要用途

主要用于制作泡辣椒、干辣椒等调味品。

## （九）川腾 10 号

1. 品种特性

川腾 10 号（图 2-15），是四川省农业科学院园艺研究所选育的线椒形杂交品种。中早熟，首花节位 8~12 节，从定植到始收红椒为 102 天；株型开展，株高 67.7 厘米，株幅 85.2 厘米×86.7 厘米；果实线形，青果绿色，老熟果红色，长 25.8 厘米，粗 1.4 厘米，肉厚 0.16 厘米，单果重 19.1 克，亩产鲜椒 2 000 千克左右；皮薄、香味浓、味辣，适合制干、制酱和鲜食；耐涝、耐重茬，对疫病和青枯病抗性强。

图 2-15　川腾 10 号

2. 主要种植区域

在四川省西充县、朝天区、简阳市、乐至县等地有一定种植面积。

3. 主要用途

主要用于制作辣椒干、辣椒粉、豆瓣酱等调味品，也可佐餐。

## （十）红冠3号

1. 品种特性

红冠3号（图2-16），四川省农业科学院园艺研究所选育。早中熟，首花节位9.9节；从定植到始收红椒98天；株型较紧凑，株高53厘米，株幅63.4厘米×56.2厘米；果实线形，嫩果浅绿色，老熟果红色，果面微皱、发亮，果长20.2厘米，粗1.6厘米，肉厚0.1厘米，平均单果重19.5克；中辣，品质优；亩产鲜椒2 200千克左右。

图2-16 红冠3号

2. 主要种植区域

适合四川省、贵州省、山西省、河南省等地露地种植。

3. 主要用途

适合制酱和干制。

## （十一）晶翠

1. 品种特性

晶翠（图2-17），云南省农业科学院园艺研究所选育。早中熟，小米辣类型；株高70厘米，分枝性强；坐果率高，果面微皱，嫩果黄绿色，老熟果橘红色，光泽度及硬度好，果长7厘米，宽2厘米，单果重9克，亩产3~4吨；外观晶莹剔透，味极辣。泡制品质极佳，口感香、脆、辣，长期泡制后皮肉不分离；对病毒病、疫病、炭疽病的抗性以及外观商品性皆优于"云南小米辣"。

**图2-17　晶翠**

2. 主要种植区域

适合云南省、湖南省、四川省、重庆市、贵州省、河南省等地种植。

3. 主要用途

主要用于制作泡辣椒，也可鲜食。

第三章 **调味辣椒育苗技术**

# 第一节　育苗方式

## 一、撒播育苗技术

撒播育苗（图3-1），即采用露地冷床、添加拱棚和大棚等简单设施，进行辣椒种苗培育的育苗方式。具有投入低、管理方便、种苗运输简单等优势，目前是我国辣椒产区露地大面积生产中仍较常用的育苗方式之一，在四川省、河南省、山西省等地采用较多。

图3-1　撒播育苗

## 二、穴盘育苗技术

穴盘育苗技术（图3-2），即应用专用育苗基质和穴盘，添加大棚、育苗床等设施，进行辣椒种苗规模化、工厂化快速培育的育苗方式。具有出苗快、整齐、成苗率高等优势，是我国辣椒产区培育优质辣椒种苗时采用育苗方式之一，目前在全国大部分调味辣椒产区都有应用。

图3-2 穴盘育苗

# 第二节 撒播育苗技术

## 一、种子处理

目前，市场上销售的辣椒种子，大多数没有经过包衣处理。而未经过处理的辣椒种子，经常会携带病菌，在温湿度适宜的情况下，

易引发病害，并造成传播，影响育苗质量。因此，进行种子处理是必要的，种子处理的方法主要有干热消毒、温汤浸种和药剂浸种等。作为一般农户，可以采用的辣椒种子处理方法有以下两种。

## （一）温汤浸种

将种子放在 5~6 倍于种子质量的 50~55℃ 的温水中浸种 15~20 分钟，不停搅拌，直到水温降至 30℃ 为止，继续浸种 4~6 小时，可预防疫病、炭疽病、疮痂病等病害。

## （二）药剂浸种

将种子放在 10% 磷酸三钠溶液中浸种 20~30 分钟，或放在 40% 甲醛（福尔马林）300 倍液中浸种 30 分钟，或放在 1% 高锰酸钾溶液中浸种 20 分钟，可预防病毒病；将种子放在冷水中浸 10~12 小时后，再用 1% 硫酸铜溶液浸种 5 分钟，或用 50% 多菌灵可湿性粉剂 500 倍液浸种 1 小时，或用 72.2% 的普力克水剂 800 倍液中浸种 0.5 小时，可预防疫病、炭疽病等病害。

## 二、苗床准备及处理

椒农育辣椒苗时，往往对育苗田块选择上不太重视，也没有做必要的消毒处理。辣椒育苗田块的优劣，也会影响辣椒的出苗率、长势等，因此，苗床的选择和处理也是十分必要的。

## （一）苗床选择

辣椒育苗用苗床一般应选背风向阳，地势较高，排水良好，2~3 年内没有种过辣椒、茄子、番茄、马铃薯、烟草和瓜类蔬菜，pH 值在 6.7 左右，有机质丰富的壤土或沙壤土效果更佳。

## （二） 苗床消毒

育苗苗床提前 10~20 天准备好，翻挖晒垡后，按 1 平方米苗床用 10 克福美双+10 克 40%多菌灵+10 克硫酸锌，拌 10 千克细土，均匀洒于苗床表面，用钉耙、锄头等工具翻土，使药土于苗床土混合均匀；然后将 5 克 3%辛硫磷对水后均匀喷洒在 1 平方米苗床上，再用锄头深翻 10~15 厘米，可有效地杀死苗床土壤中的病菌及地下害虫；也可在 1 平方米苗床上喷施 40%福尔马林 40 毫升，再用薄膜盖严，闷闭 3~5 天，可有效杀死土壤中残存的病虫害。

## （三） 苗床湿度控制

苗床湿度控制不到位，会对培育种苗的质量造成较大影响。由于苗床土壤湿度控制不当引起的苗期不良症状有以下几种。

### 1. 出苗率低

当苗床湿度过高、盖土过厚时，种子发芽后，由于湿度过大、盖土过厚，破土时间延长，易引起烂种，造成出苗率低。另外，苗床湿度太干燥，不能满足辣椒种子吸胀至萌芽的水分条件，也易形成出苗率低。

### 2. 出苗时间迟

苗床土壤湿度较低、盖土过厚时，种子吸胀时间较长，萌芽之后，再遇上盖土过厚，破土时间推迟，就会造成辣椒出苗时间过长。

### 3. 出苗不均匀

如果苗床床面高低不平，在给苗床喷水时，容易引起苗床床面湿度不均匀，低洼的地方湿度过大，高跷的地方湿度偏低，造成低洼地方种苗出土快、高跷的地方种苗出土过慢，从而形成种苗出土不一致，造成大小苗，给后期管理带来不便。

为了使苗床湿度均匀一致，出土时间不至于差异太大，应对苗床做如下处理。

首先，保证苗床床面尽量平整。具体做法是：对苗床进行杀毒处理并深翻 10~15 厘米后，用宽 10 厘米左右的木板将苗床推平，然后用木板或者其他工具将床面压实，不仅有利于保水，还可避免灌水后引起苗床床面裂缝。

其次，床面压平后，开始对苗床进行灌水、洒水处理。南方丘陵地区小面积育苗时，因土壤渗水较慢，可采用洒水壶喷洒，应从苗床的一端开始洒水，洒完一遍后，再重复 2 次，方可做到苗床湿度均匀；北方地区较大面积育苗时，可采用引水漫灌的方式，对苗床进行补水。

### （四）苗床制作标准

我国广大农村，椒农对育苗苗床的宽度、长度，大都是根据经验和田块形状等进行苗床的制作，没有统一的标准。笔者根据多年的实践，总结出管理方便、易于操作的辣椒苗床尺寸，供广大椒农参考和使用。

#### 1. 苗床宽度

随着我国农村劳动力老龄化趋势的加剧，从事农业生产的劳动者年龄大多在 60 岁左右，劳动强度有所下降。苗床过宽，给后期苗床管理带来不便，苗床过窄又会造成苗床利用率降低。适宜的宽度不但方便椒农对苗床管理，更可有效提高苗床利用率。

苗床宽度做成 1.2~1.4 米较为合适，当辣椒幼苗出土长齐后，椒农拔除杂草时，从苗床的两边操作，刚好可以覆盖全部苗床，不至于漏掉苗床中间部分的杂草，而且操作不费劲。

#### 2. 苗床长度

我国大部分地区撒播育苗多采用小拱棚覆盖的方式，因小拱棚较矮，如果苗床过长，通风不畅，造成幼苗徒长，这些问题在南方地区更为突出。因此，苗床长度以 20~40 米为宜。北方地区地势平坦而开阔，通风效果较理想，长度可做到 30~40 米，南方地区局限于田块大小和通风条件，长度可做成 10~20 米为宜。

3. 苗床高度

在我国广大农村，撒播育苗苗床主要有槽式和起垄两种方式。在水源充足，地块较平坦，排水方便，苗床面积较大的北方地区，可采用槽式育苗，减少工作量；而对于水源条件较差、苗床面积较小的南方丘陵地区，可采用起垄育苗方式。各地可结合当地育苗习惯进行抉择。

# 三、播种

## （一）播种时间

1. 南方地区

南方地区调味辣椒露地撒播育苗播种时间一般在 2 月上中旬至 4 月上旬，高山地区育苗时间稍迟。

2. 北方地区

北方地区调味辣椒露地撒播育苗时间一般在 3 月中旬至 4 月中旬。

3. 用种量

采用撒播育苗时，常规种子每亩用种量在 50~100 克，优质杂交种每亩用种量在 30 克左右。

## （二）播种密度

播种密度的大小关系着辣椒出苗后长势的健壮程度。密度过高，辣椒出苗后，相互拥挤，争夺空间，容易形成"高脚苗"；而密度过低，虽然可以培养出健壮的幼苗，但是苗床利用率低。合适的播种密度为：每平方米育苗苗床撒播辣椒种子量为 4~6 克，如果苗床面积较充足时，密度可做到每平方米苗床撒种子 4 克，如果苗床面积较紧张时，可以做到每平方米苗床撒种子 6 克。这样密度控制，每亩地可以培育出 20 万~30 万优质辣椒种苗。

## （三）垫土和盖土

### 1. 垫土

大多数椒农在采用撒播育苗时，经常会遇到苗床灌水后出现裂缝、出苗不良等情况，造成苗床湿度蒸发过快影响辣椒幼苗正常生长，而垫土刚好解决了这些问题。垫土的主要作用有二，其一是填充苗床裂缝，避免种子掉入裂缝中而引起出苗时间过长，其二是将灌过水的苗床床面与辣椒种子有效隔离，便于种子从土壤中吸收水分而快速出苗。

（1）垫土的选择和处理。垫土可选用透气性好的沙壤土或者细河沙，并进行过筛去除土壤和河沙中的杂物及石头，然后在每立方米的垫土中加入 200 克 40%多菌灵和 400 克 3%辛硫磷，拌匀后用塑料薄膜盖严压实，密闭 3 天左右即可使用。

（2）撒垫土。苗床灌水或洒水结束，等到苗床表面水分渗入土壤后，即可撒垫土。垫土不宜过厚，影响种子吸胀，合适的厚度在 0.1~0.2 厘米为宜，撒垫土时特别要注意将苗床裂缝填实，并将苗床低洼地方填平。

### 2. 盖土

盖土的主要作用是将辣椒种子盖住，并给予种子一定的压力，利于种子萌芽后破土而不戴帽。盖土偏厚，种子发芽出土时间长，如遇苗床湿度过大时引发幼苗腐烂，影响出苗率；盖土偏薄，种子萌芽破土过快，容易形成种苗"戴帽"，不利于幼苗子叶开展和壮苗的培育。盖土厚度一般以 0.3~0.5 厘米为宜，即盖土撒后以看不到种子为准。

## 四、温湿度管理

温度和湿度管理是辣椒育苗的关键管理环节，只要有一个因素管理不当，都易引发苗期病害发生。

### (一) 温度管理

辣椒萌芽出苗的适宜温度为 25～30℃，温度过低，辣椒出苗较迟，一旦种子长时间处于低温、高湿的环境中，容易导致烂种，影响出苗率；而种子出土前温度达到 35℃ 以上时，则会造成烧芽，降低出苗率。

### 1. 出苗前的管理

幼苗出土前，应密闭小拱棚，提高棚内温度至 25～30℃，使辣椒尽早发芽和出土；此期，在南方高山地区中午前后温度过高，小拱棚内温度甚至达到 40℃ 以上，为了避免高温烧芽，应对小拱棚采取遮阳降温处理（图 3-3），可用遮阳网在大晴天 11:00—16:00 将小拱棚遮住，降低拱棚内温度。

图 3-3　遮阳降温

### 2. 出苗后的管理

幼苗出苗后至子叶展平期，可适当打开小拱棚，进行降温，使棚内温度将至 20~25℃，有利于辣椒幼苗苗壮生长，培育壮苗，此期温度高于 25℃，容易引起幼苗徒长，形成"高脚苗"；南方高海拔地区育苗，在大晴天中午前后同样应对拱棚进行遮阳处理，方法同出土前管理。

### （二）湿度管理

有效的湿度控制，可减少辣椒苗期病害的发生，利于培育优质壮苗。

### 1. 出苗前

密闭小拱棚，提高拱棚内湿度，利于辣椒种子发芽和提早出苗。

### 2. 出苗后

可根据天气情况，进行适当通风，以降低拱棚内空气和苗床表土湿度，促进幼苗正常生长。此期如果湿度过大，会形成拱棚内高湿环境，如遇合适温度则易引发猝倒病、灰霉病等病害；而晴天中午前后通风则易引发诸如"闪苗"（图 3-4）等问题。因此，通风一定要把握好开棚时间和通风时长。

（1）晴天。10：00 打开小拱棚两端进行通风，16：00 之后关闭拱棚，南方高山地区可延长到 17：00 左右闭棚；如小拱棚过长，可在拱棚中间部位将拱棚膜打开辅助通风。切记中午 12：00—15：00 开棚通风，否则会造成辣椒"闪苗"。

（2）阴天或者阴雨天。可在中午 12：00 进行通风，14：00 左右闭棚，通风时间控制在 1~2 个小时为宜。

图3-4 闪苗

# 五、肥水管理

1. 养分管理

辣椒幼苗需肥量较少，土壤中的养分基本可以满足苗期需要，如采用肥力较差或者保肥能力较差的沙壤土育苗，育苗后期会遇到缺肥情况，此时，应结合苗床补水，采用叶面补肥的方式进行追肥，可用0.5%左右尿素水溶液对辣椒幼苗叶面进行喷施。

2. 水分管理

苗床水分控制标准为"见干不见湿"，即苗床表层土壤发白，用手扒开表层土壤后，下层土壤湿润即为合适。撒播育苗一般在播种前都会对苗床进行灌水或喷水处理，苗床湿度基本可以满足幼苗长到4片真叶前后水分供应。此期如遇连续晴天引起蒸发量过大或者底水不足引起苗床过干时，可采用喷雾器对苗床进行补水；后期如遇苗床过干时也可采用喷雾器补水，切记采用大水漫灌苗床或者用洒水壶喷洒苗床，容易造成苗床湿度过大和幼苗倒伏，从而引发猝倒病等病害的发生。

## 六、壮苗标准

优质壮苗有利于定植后植株快速缓苗和生长，增强植株抵抗力，促进后期开花坐果和高产。壮苗标准：幼苗子叶健全、茎秆粗壮、叶片浓绿、具 6~13 片真叶、株高 15~20 厘米、无病虫为害。

辣椒幼苗一般 6~8 片真叶时即可移栽。

# 第三节　穴盘育苗技术

## 一、种子处理

未经过处理的辣椒种子，经常会携带病菌，在育苗期间造成病害发生和传播，影响育苗质量，因此，播种前需对种子进行必要的处理。

### （一）种子消毒

种子消毒方法主要有干热消毒、温汤浸种和药剂浸种。

1. 干热消毒

将种子放在 70℃ 的恒温箱内处理 72 小时，可预防病毒病、细菌性和真菌性病害。

2. 温汤浸种

将种子放在 5~6 倍于种子量的 50~55℃ 的温水中浸泡 15~20 分钟，不停搅拌，直到水温降至 30℃ 止，再继续浸泡 4~6 小时，可预防疫病、炭疽病、疮痂病等病害。

3. 药剂浸种

将种子放在10%磷酸三钠溶液中浸泡20~30分钟，或放在40%甲醛（即福尔马林）300倍液中浸泡30分钟，或放在1%高锰酸钾溶液中浸泡20分钟，可预防病毒病；将种子放在冷水中预浸10~12小时后，再用1%硫酸铜溶液浸泡5分钟，或用50%多菌灵可湿性粉剂500倍液浸泡1小时，或用72.2%的普力克水剂800倍液中浸泡0.5小时，可预防疫病、炭疽病等病害。

## （二）催芽

将经消毒处理并清洗过后的种子放置于25~30℃的恒温箱中进行催芽，50%以上种子露白后即可停止催芽，准备播种。切记不能催芽时间过长，造成幼芽露出种壳，在播种操作时，容易碰断幼芽，降低出苗率。

## 二、基质选择和配制

## （一）基质选择

辣椒穴盘育苗主要采用草炭、蛭石、珍珠岩、炉渣、河沙等配制基质，将这些原料按照一定比例混配而成；也可直接采用专用育苗基质进行装盘育苗。

## （二）基质配制

将草炭、蛭石、珍珠岩按照6:3:1（夏季）或者6:2:2（冬季）的比例混合，每立方米基质加1千克优质有机肥，搅拌2~3次，搅拌的同时往草炭中加水，使有机肥、水与基质混合均匀，保持基质持水量在40%左右为宜。

因草炭大多为酸性基质（pH 值为 3.0~6.5），而辣椒生长需要微酸性环境（pH 值 5.5~7.5），基质酸度过大，会导致辣椒幼苗根系生长不良，造成落叶。因此，在采用草炭作基质进行育苗时，需要对基质的酸碱度进行调配，一般每立方米基质加白云石灰石 3~6 千克，可有效调配基质酸碱度。

### （三）基质消毒

配制好基质后，需进行消毒处理，能有效杀死基质中携带的病残菌。可采用 99% 恶霉灵原粉进行处理，方法是按照 99% 恶霉灵 1 克对水 3~4 千克，配制药液并喷洒到基质上，同时进行搅拌，使药液与基质混合均匀。

## 三、穴盘选择和装盘

### （一）穴盘选择

根据辣椒不同育苗时期，可选用不同的育苗穴盘。采用冬季大棚内加小拱棚育苗时，因苗龄较长，约 110 天左右，且冬苗在定植时都基本具有 10 片以上真叶，早熟品种已有花蕾，占据较大空间，如果穴盘空隙太密，容易导致幼苗徒长和引发苗期病害发生，因此选用 50 穴的营养盘较为合适；如采用春苗小拱棚冷床育苗，因为苗龄较短，一般在 50 天左右，可采用 72 穴的营养盘进行育苗。

### （二）装盘

装盘时，如果操作不规范，容易导致穴盘每个穴孔基质量不一样，浇水后基质下沉深度不一，播种后影响种子萌芽速度，造成幼苗出土不一致。一般操作方法是：将基质摊到穴盘上面，用木棒或者宽 5 厘米左右的木板从穴盘左边推到右边，将上面多余的基质推掉，然后轻轻震动一下穴盘（此时，切忌不要用手按压穴盘上基质），然后用水浇透穴盘基质，基质下渗后，上沿距离穴盘上平面0.3~0.5厘米。

## 四、播种

### （一）用种量

穴盘育苗，采用常规种子时，每亩用种量为 50 克左右，每穴播 2 粒种子；而采用优质杂交种时，每亩用种量为 20~30 克，每穴播种 1 粒种子即可。

### （二）播种时期

1. 南方地区

南方地区调味辣椒穴盘育苗时间一般在 2 月上中旬至 4 月上旬，高山地区育苗时间稍迟。

2. 北方地区

北方地区调味辣椒穴盘育苗时间一般在 3 中旬至 4 月中旬。

## 五、苗期管理

温度和湿度管理是辣椒穴盘育苗的关键管理因素，管理不当，则不利于优质种苗的培育。

### （一）温度管理

1. 出苗前

辣椒出苗温度保持在 25~30℃ 为宜。此期，大棚或者小拱棚应处于关闭状态，主要是增加小拱棚内温度，使种子尽快萌芽和出土。

特别是北方地区，提早育苗时易遇降温天气，可以进行适当加热处理，提高大棚内温度，避免连续低温造成烂种或者烂芽。

2. 出苗后至子叶展平

幼苗出土后，可适当打开大棚、小拱棚，进行降温，使棚内温度维持在 20~25℃，有利于辣椒幼苗正常生长，培育壮苗。此期温度高于 25℃，容易引起幼苗徒长，形成"高脚苗"。

## （二）湿度管理

育苗基质和大棚、小拱棚内空气湿度控制的好与坏，将直接决定辣椒苗期病害发生概率的高与低。因此，湿度管理至关重要。

1. 出苗前

辣椒萌芽除了需要一定的温度外，还需要合适的湿度，因此，幼苗出土前，需要密闭大棚、小拱棚，提高拱棚内湿度，促进辣椒种子快速萌芽和出土。

2. 出苗后

幼苗出土后，可进行适当的通风，以降低大棚、小拱棚内的空气湿度，促进幼苗正常生长。此期如果空气湿度过大，同样会易引发猝倒病、灰霉病、立枯病等病害发生。

3. 喷水

穴盘育苗时，因穴盘中基质保水持水能力不及泥土好，且穴孔内装的基质量又较少，遇晴天通风和蒸发，基质很容易变干，导致辣椒幼苗因缺水而萎蔫。因此，育苗期间要经常观察穴盘基质的湿度，湿度不足时要及时补充水分，给幼苗提供一个适宜的湿度环境。穴盘基质育苗一般 2~3 天就需要补水 1 次，如遇大晴天，则需要 1~2 天补水 1 次，补水可采用喷雾器喷施，也可采用槽吸式补水。

## （三）养分管理

基质育苗时，因基质肥力较差，不及土壤养分含量高，因此，在幼苗 1～2 片真叶展平后，即需要进行追肥处理，追肥可采用 0.5% 左右尿素水溶液喷施，可以采用 0.2%～0.5% 的叶面肥喷施，一般应结合幼苗叶片颜色及长势情况，7～10 天追肥 1 次。

（四）通风

通风不但可以降低拱棚内空气和基质湿度，还可以降低拱棚内的温度，更可以补充拱棚内空气中二氧化碳的含量，促进辣椒幼苗呼吸和光合，利于幼苗健康、苗壮生长。

因此，一定要把握好开棚时间点和通风时长。一般晴天 10:00 左右打开大棚天窗或小拱棚两端进行通风，16:00 之后关闭大棚、拱棚；如遇阴天或者阴雨天时，可在 12:00 进行通风，时间控制在 1～2 个小时为宜，14:00 左右关闭大棚、拱棚，不但可以交换拱棚内空气湿度，还可以补充二氧化碳，加强光合作用。

切记晴天 12:00—15:00 通风，否则易引起辣椒幼苗出现"闪苗"，而导致次生病害的发生。

第四章 **调味辣椒栽培管理技术**

# 第一节 选 地

调味辣椒在我国绝大多数地方均能栽培，北起黑龙江省、南到海南省，西起新疆、东至山东省、上海市等地均有适合调味辣椒生长的土壤，但并不意味着所有土壤都适合调味辣椒的生长。为了获得理想的产量和经济效益，必须选择适宜调味辣椒正常生长的土壤条件。调味辣椒生长对土壤有较严格的要求，需要选择土壤条件肥沃、排水方便、透气性较强、pH 值 6.5~7.5 之间、背风向阳的壤土或沙壤土等。

同时，辣椒禁忌连作，一般连作超过 3 年，土壤连作问题就比较突出，主要表现为土壤板结、pH 值过高或过低、土壤中残存病菌增多，给辣椒持续种植造成较大的障碍，造成辣椒生长缓慢、病害严重等诸多问题。

因此，在进行辣椒种植时，提前做好土壤轮作换茬规划，保证土壤能 2~3 年轮作倒茬 1 次。常用的轮作倒茬模式有：辣椒与水稻进行水旱轮作，辣椒与玉米、小麦、大豆等粮食作物轮作，辣椒与十字花科蔬菜或与菜用豆类蔬菜等进行轮作等。土地资源丰富的地方，可以采用土壤休耕，效果更理想。

## 一、南方地区

我国南方地区 7—9 月多为雨季，而此期间的温度又是最适合调味辣椒生长、转色和成熟的时期，因此在南方地区种植调味辣椒，需要选择丘陵或山地二台和三台土，且交通方便，或者选择地势相对平坦、具备较强排水能力的田块，且需要采取起高垄、覆膜等技术措施才能达到理想的生长条件，保证调味辣椒正常生长而不至于遭受雨水淹田而引发严重病害。

## 二、北方地区

我国北方地区大部分地方地势平坦，且土壤为黑土、壤土或沙壤土等，而盐碱地的 pH 值较高，不适合调味辣椒生长，沙土渗水较快、保肥保水能力差，也不太适合调味辣椒种植。因此，在北方地区进行调味辣椒种植时，应选择土壤肥沃、具备较强的灌溉和排水条件的黑土地、壤土或者沙壤土进行辣椒种植。

# 第二节 整地施肥

## 一、整地

辣椒种植之前进行必要的土地整理，有利于后期辣椒根系对土壤养分、水分等的吸收，促进辣椒植株健康、快速生长。因此，在进行辣椒种植前，于冬季对土壤进行深翻抗土（图 4-1）等处理，有以下几点作用。

1. 减少土壤残存病虫害

辣椒土壤中病虫害主要残存在 0~50 厘米深土壤中，常规的浅耕仅能处理 0~20 厘米土层病虫害，对 20 厘米以下土壤中病虫害处理效果不理想，特别是北方地区，冬季地温较低，大多数害虫在深层

**图4-1 深翻抗土**

土壤越冬。因此，对土壤进行深翻，深度在40厘米左右，可将深层土壤翻到地表，使越冬期的害虫、虫卵以及病菌等暴露在外，经低温冷冻致死，达到消灭土壤病虫害的目的。

2. 利于土壤熟化

辣椒种植中施入的肥料，经雨季淋溶，有效养分进入深层土壤，而地表0~20厘米土壤中常年施入化肥，容易造成土壤板结致使土壤团粒结构、透气性等理化状况下降，影响辣椒根系正常呼吸和吸收养分。深翻可以使深层土壤与表层土壤有效混合，不但可以有效利用深层土壤的养分，还可以使表层土与深层土有效混合，达到改善土壤团粒结构、熟化土壤的目的。

## 二、施肥

充足的底肥施入量，是获得高产的基础，底肥不足，辣椒生长中后期营养供应不够，易造成落花、落果，不利于高产的获得。我国大多数辣椒产区，随意性、经验性施肥仍然广泛存在，而科学的施肥措施在局部地方有所应用，但是发展的空间仍有待提升。为了给辣椒生长提供较好的土壤条件，促进辣椒正常生长，获得理想的产量和经济效益，施肥时可参考以下原则。

## （一）施肥把握的原则

### 1. 提倡施用优质有机肥

随着我国广大农村城镇化趋势的不断加快，农村的养殖业规模不断降低，农家肥已经逐渐淡出农业种植熟化土壤的范畴，大多数椒农在施肥时，过多采用简单的化肥施入，农家肥的施入已成为奢望。但是，连续多年的纯粹性化学肥料的施入，结果会造成土壤板结、养分比例失衡等后果，不利于辣椒产业的长远、持续发展。

为了能够达到改良土壤，改善辣椒产品品质的目的，必要的有机肥施用将有助于辣椒产业健康发展。广大椒农朋友可以选用经过高温和无害化处理的猪粪、羊粪、牛粪等，或者选用商品化的有机肥，结合整地每亩可施入普通有机肥干粪 300~500 千克，商品有机肥 50~100 千克为宜。

### 2. 合理施用化学肥料

化学肥料的养分含量高而集中，能较快融入土壤被辣椒根系吸收，促进辣椒植株快速生长，且施用方便、快捷，长期被椒农所采用。但是化学肥料的施用也要遵从科学的原则，施入过少，肥效不足，施入过多，不但造成浪费、且容易引起肥害。化学肥料的施用一般以 80% 为底肥，20% 为追肥，可结合整地施足基肥，每亩施氮磷钾（15：15：15）复合肥 50 千克，过磷酸钙 80 千克；或硫酸钾 20~30 千克或饼肥 50~100 千克。

### 3. 适当补充微量元素

常规化学肥料养分含量固定，多为大量元素，而土壤中微量元素含量有限，辣椒植株多年从土壤中吸收微量元素后，使土壤中微量元素不断减少，造成辣椒生长中出现缺素症状，影响辣椒的正常生长。因此，在结合化学肥料施用的同时，可以适当地给土壤补充必要的微量元素，如铁、锌、锰、钙等。

### 4. 有条件地选用配方肥

随着我国辣椒种植技术的不断优化、优质高产栽培也得到了广泛应用，椒农从中也得到了实惠，其中配方肥的施用就是提升辣椒种植效率，获得高产收入的重要一环。我国幅员辽阔，土壤类型丰富，而不同的土壤，养分含量不同，所以施肥标准较难统一，施什么肥、施多少等一系列问题，一直困惑着不同产区的椒农。配方肥刚好解决了椒农的这一困惑，正规配方肥厂家，会根据不同产区土壤养分状况配置适合当地的配方肥。因此，椒农在从事辣椒种植时，为了促进辣椒合理、正常生长，再结合土地条件，可有选择的选用配方肥。

### （二）施肥方式

底肥的施用主要有撒施、厢施（图4-2）、沟施和穴施等方式，撒施可以让土壤与肥料充分混合，改善土壤养分结构，但是肥料施用较多且利用率较低；厢施、沟施和穴施属于集中施肥，是指将肥料集中施到辣椒根系周边，保证辣椒根系获得充足的养分供应，提高肥料利用率，但是施肥操作相对撒施用工量较大，特别是南方丘陵地区更为突出。不同产区椒农可以结合当地土壤类型、劳动力条件等选择不同的施肥方式。北方地区因地势平坦，田块较大，非常适合采用滴管系统施肥，因此，建议北方地区有条件的椒农选用肥水一体化技术，对促进辣椒健康、苗壮生长，培育健壮植株、获得高产等都有很好的效果。

**图 4-2　厢施施肥**

# 第三节　起垄覆膜

## 一、起垄

因辣椒属喜温忌湿作物，土壤湿度过大或植株遭受水淹浸泡，往往会引发疫病、青枯病、根腐病等土传病害，造成辣椒大面积死株，给生产带来巨大损失。因此，在辣椒栽培中，大部分地区采用起垄栽培（图4-3），起垄可以抬高辣椒根际土壤高度，便于排水，降低辣椒根系土壤湿度，减少病害的发生。起垄标准：垄宽50~80厘米，沟宽40~80厘米，垄高10~20厘米，不同产区根据栽培习惯可适当调整。北方地区以及南方地区田块较大、相对平坦的辣椒地，可以采用机器起垄，以减少人工投入；南方丘陵山地，可采用小型起垄机或者人工起垄。

图 4-3　起垄覆膜

## 二、覆膜

随着我国广大农村劳动力老龄化程度加剧，以及进城务工青壮劳力的增多，留守农村从事辣椒生产的劳动力主要为 60 岁左右的中老年人，劳动强度下降、人数减少，给规模化辣椒种植造成用工压力。而采用覆膜栽培（图 4-3），不但可以起到保温保湿、防草的作用，还可以利用膜下灌溉减少人工投入。

### （一）地膜种类

当前，我国辣椒生产中常用的地膜主要有白色地膜、黑色地膜和银灰色地膜三种，而不同的地膜作用不同。

### 1. 白色地膜

白色地膜透光性强，反光效果突出，有利于定植后辣椒植株下部叶片吸光，增强光合作用，还有利于提高低温，促进辣椒快速生长。但是白色地膜透光性强，对辣椒生长过程中杂草的防治效果不太理想，特别是光照强的地方，随着地膜使用时间的增长，薄膜老化加快，杂草就会突破白膜束缚，破土而出，给辣椒中后期管理带来不便。另外，在辣椒收获结束后，白膜老化、破碎严重，很难从土中取出，大多残留在土壤中，污染严重土壤。

2. 黑色地膜

黑色地膜因不透光，防草效果突出，特别是辣椒定植后至盛花盛果期，对杂草的防治效果非常理想。但是随着辣椒的不断长大以及黑膜老化程度的加快，辣椒生长中后期杂草同样会破土而出，特别是遇到连续降雨后天气转晴，杂草生长速度快，增加辣椒中后期管理压力。另外，辣椒采收结束后，黑膜同样会出现老化成碎片状，很难从土壤中取出，从而造成土壤严重污染。

3. 银灰色地膜

银灰色地膜具有防草、保湿保温、驱蚜等多重功能，目前在南方大部分地区都有应用。银灰色地膜一面黑色，一面银色，使用的时候，黑色朝地，银色朝天铺设，黑色可以防草，银色可以驱赶蚜虫，降低病毒病等发生；另外，银灰色地膜质地较好、强度大，抗老化能力强，在辣椒生长结束后仍可使用，且70%左右的残膜可以从土壤中取出，对土壤污染小。在我国南方地区，在辣椒采收结束后，仍可以利用银灰地膜种植一季秋冬菜，如莲花白、大白菜、萝卜、花椰菜等，充分利用银灰地膜的优势，增加收入。

（二）覆膜标准

地膜的种类很多，有1丝（0.01毫米）、2丝（0.02毫米）等厚度，有80厘米、100厘米、120厘米、140厘米等不同宽度，不同产区可根据起垄宽度、使用时间长短等选择不同宽度、不同厚度的地膜。在铺设地膜的时候，尽量把垄两侧的斜坡也一起盖住，避免因压膜不严实，影响增温、防草、保湿等效果。北方地区可采用起垄覆膜一体机，达到快速铺膜的效果。

# 第四节 定植及定植后管理

## 一、定植时间

当地温稳定在 15℃以上时，辣椒就可以移栽，我国从南方到北方，移栽时间依次推后，总之把握的一个原则就是：移栽后气温不会出现反复无常、忽高忽低、或持续低于 10℃ 以下低温等不利于辣椒幼苗缓苗和正常生长的温度变化。南方地区移栽时间在 3 月上中旬至 4 月中下旬，北方地区移栽时间在 4 月中旬至 5 月中旬为宜。

## 二、定植方式

我国调味辣椒主要采用露地栽培模式，移栽方式主要有人工移栽和机器移栽两种方式，南方丘陵山区主要采用人工移栽，因人工移栽速度较慢，需根据苗龄大小及土地面积，合理规划移栽时间，避免移栽时间滞后温度过高影响移栽质量。北方地区因地块较集中、平坦，非常适合机器移栽，而且机器移栽效率高、速度快，可有效缩短移栽时间，为辣椒缓苗、正常生长争取更有利的时间，但是不同的移栽机器移栽质量有所差异，为保证好的移栽质量，机器移栽后可安排专人到田检查，对移栽深度、盖土质量等不达标的秧苗进行人工辅助整理，最大限度地保证成活率。

## 三、合理密植

不同的辣椒品种，种植密度不同。密度过低会影响辣椒产量，相反密度过大会影响通风透光效率，造成坐果差、病害重等不良后果。一般植株紧凑、株高较矮的品种适宜的种植密植为：亩定植3 200~5 000窝，每窝定植1~2株；株型较开展、植株高于80厘米的品种可适当稀植，密度控制在1 800~2 800窝，每窝定植1~2株；行距50~80厘米，株距25~40厘米，每垄定植两行，采用"品"字形栽培效果更理想。

## 四、定植后管理

### （一）定植水

辣椒移栽后，新根尚未长出，还不具备从土壤吸收水分的能力。因此为了保证辣椒移栽成活率，需要在移栽后尽快进行补水，俗称"定植水"，主要作用是使土壤吸水后孔隙度降低，与辣椒根系完全接触，避免外界空气进入使辣椒根系失水过快造成萎蔫，同时利于辣椒新根生出后快速从土壤中吸收水分而缓苗。

### （二）防地下害虫

辣椒移栽后，经常出现地下害虫为害幼苗造成缺苗现象，地下害虫主要有地老虎、蝼蛄、蛴螬等。为了保证辣椒移栽后较高的成苗率，在浇定植水的时候，可以在定植水里面增加杀地下害虫的农药，如2.5%溴氰菊酯之类农药，可以有效杀死地下害虫，避免缺苗。

## 第五节　肥水管理

## 一、追肥

辣椒全生育期需要的肥料，一般80%作为底肥一次性施入土壤，剩余20%结合辣椒植株长势进行追肥。辣椒移栽后1~3天，新根还没有生出，还不能从土壤中吸收养分，植株主要通过有限的叶片光合作用来促进快速生根。移栽3天后，辣椒在温湿度适宜的条件下，新根逐渐长出，开始从土壤中吸收养分，此时新根较弱，从土壤中吸收养分能力不足，为了保证辣椒新根较快获得养分供应，促进植株快速缓苗长出更多新根，必要的追肥是较理想的解决措施。追肥时期一般在辣椒定植后7~10天，追肥类型可以采用0.3%~0.5%尿素水溶液，或者选用专用水溶肥，用量为每窝150克左右。

辣椒转入正常生长后，在开花坐果期可追肥1次，追肥种类可采用0.5%左右的尿素水溶液，每窝250克左右；以后在辣椒采收盛期，根据辣椒植株长势可适当进行追肥。

## 二、水分管理

充足的水分供应可以提供辣椒生长必需的水源，促进辣椒生长和养分积累。土壤过干，往往造成根系吸收水分不足，从而造成根系从土壤中吸收养分受阻，引起一系列的缺素症等生理性病害；相反，土壤过湿，造成土壤孔隙度下降，影响土壤与空气中养分的交换能力，从而使辣椒根系处于无氧呼吸状态，时间过久就会造成根系腐烂，诱发青枯病、疫病、根腐病等病害发生，给辣椒生长造成极大为害。

1. 补水

辣椒除了在定植后浇定植水外，在辣椒缓苗后到开花期，辣椒新根快速生长，从土壤中吸收水分能力不断增强，而此期正是我国大部分地区干旱季节，土壤缺水会造成辣椒前期生长缓慢，不利于壮苗培育。因此，此期需要及时补水，补水可采用小水勤灌，或者滴管等方法，禁止大水漫灌。9月之后，辣椒进入生长中后期，可根据干旱程度进行适当补水。

2. 排水

辣椒生长进入盛花盛果期后，正遇我国夏季降雨高峰期，由于降雨过多，往往造成土壤湿度过大，引发疫病、青枯病、炭疽病等病害的大发生。因此，此期应注重田间排水，雨季来临之前，到田间进行排水沟渠的疏通等工作，雨后及时到田间检查，并排出田间积水。

# 第六节　中耕培土

## 一、除草

杂草过多，不但会营造病虫害滋生的环境，还会与辣椒竞争吸收土壤养分，影响辣椒正常生长。因此，在辣椒定植后到封行前，需要进行1~2次的除草，南方地区除草多采用人工除草办法，北方地区可以采用机械除草，效率更高、成本更低；辣椒封行后，因透光性降低，杂草生长缓慢，对辣椒生长的影响较小，再加上辣椒封行后，进行除草操作不方便，所以，辣椒封行后可以减少除草次数。

## 二、中耕培土

辣椒属于浅根系作物，根系主要分布于耕作层0~20厘米，在辣椒盛花盛果期，单株重量在2千克左右，遇到连续降雨，导致土壤疏松，再遇雨后大风，往往造成辣椒植株倒伏，轻者引起烂果落果、重者会引起植株死亡和病害发生。因此，必要的中耕培土（图4-

4），可以有效固定辣椒根系，降低植株倒伏率和病害发生。培土可以结合中耕除草进行，北方地区可以采用机械除草和培土，减少人工投入。

**图 4-4　中耕培土**

## 三、整枝打杈

辣椒侧芽过多，会分走根系吸收的和光合作用产生的养分，不利于植株上部开花坐果，严重的会造成落花落果，影响产量，侧芽过多还会影响辣椒植株下部的通风透光效果，夏季会造成茎基部周边湿热的小气候，造成茎基腐病和烂果等不良后果。因此，在南方大部分地区以及北方局部地区，可根据劳动力情况进行适当整枝打杈，将门椒以下所有侧芽打掉，利于根系吸收养分快速输送到上部叶片、花朵等，促进开花坐果。辣椒整枝打杈时间一般在定植后到封行前，打杈 1~2 次，辣椒封行后结束打叉。

# 第七节 适时采收

## 一、采收标准

调味辣椒以采收红椒为准，进行干制、制酱、腌制或泡制等加工处理，而制成不同类型的调味品。为了保证调味品颜色、辣味、商品性等，对辣椒原料的质量要求是：辣椒全红、无烂果、无虫蛀果、去把或脱帽。

## 二、采收时间

调味辣椒以采收商品果进行销售。北方地区在光照充足、空气相对干燥的新疆、甘肃省、内蒙古、河南省等地，调味辣椒可选择一次性采收，以降低采收成本；南方地区因红辣椒采收期正遇高温多雨季节，空气湿度大，不适合一次性采收，因此以分批采收为主，即成熟一批采收一批，避免采收滞后引发辣椒果部病害，降低果实商品性。

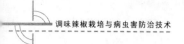

**第五章　调味辣椒主要病虫害防控**

# 第一节　防治原则与方法

## 一、防治原则

辣椒病虫害的防治应遵从"预防为主，综合防治"的原则，优先选用低投入、操作简单的农业防治手段，积极地应用物理、生物防治方法，从而提高产品的质量安全程度；在病虫害发生较重时，科学地应用化学防治，特别要掌握正确施药方法，执行农药安全使用标准，选用低残留、低毒的化学农药进行施防，以达到减少化学农药用量，保证辣椒果实中农药残留不超标为目的。

## 二、防治方法

### （一）农业防治

1. 选用抗病虫品种

随着我国辣椒育种技术手段的不断优化，已经培育出一批对炭疽病、病毒病、疫病等有一定抗性的品种，并在生产中得到了推广和应用。选用抗病品种，不但对部分病害有免疫效果，还可以减少农药的施用量，提升辣椒产品的质量安全程度。

## 2. 培育适龄壮苗

健壮的辣椒植株具有较强的抵抗能力，可以减少病虫害的为害。因此，在辣椒育苗时候，控制好播种密度，加强苗期温湿度、病虫害等的综合管理，培育出优质壮苗，定植后能快速、健壮生长，提高植株自身抵御病虫害侵染的能力。

## 3. 严格实行轮作

辣椒是不耐重茬的经济作物，连续多年在同一块土地上种植，就会造成土壤连作障碍，引起土传病害严重发生，给辣椒后续生长造成极大的为害。因此，在开展辣椒栽培时，首先要制定好合理的轮作制度，减少土传病害和连作障碍的产生。目前实施较多的辣椒轮作制度有：水旱轮作、辣椒与非茄科作物（辣椒、茄子、番茄、马铃薯、烟草等）轮作、辣椒与豆类（四季豆、豇豆等）蔬菜轮作以及辣椒与粮食作物（如玉米、小麦、大豆等）轮作，效果都非常理想。

## 4. 高垄地膜覆盖栽培

辣椒不耐涝，一旦遭遇连续降雨或者水淹，就会诱发疫病、青枯病、根腐病等病害的大发生，给辣椒生产带来巨大损失。因此，在调味辣椒露地栽培中，可采用起高垄并铺设地膜的栽培措施，不但利于前期保温保湿、雨后排水，还可以降低植株根际土壤湿度，更有利于防止杂草的滋生，减少田间病虫害的残留。

## 5. 合理密植，清洁田园

每个调味辣椒品种都有独特的生物学特性，植株高度、开展度等都存在差异，种植过密会影响辣椒田间通风效果，降低开花坐果率，并在植株近地面形成湿热的小气候，利于病害的发生，为害辣椒生长。因此，在选好品种后，应根据品种的特性确定合理的种植密度，营造辣椒最优的生长条件，让辣椒植株能正常生长、开花和结果，以获得理想的目标产量。

辣椒生长过程中，如遇病害侵染导致植株死亡，或者引起叶部、果部病害时，应及时摘除病叶、病果，并拔除病株，带出田间焚烧或者挖坑深埋。

### （二）物理防治

有效的物理防治手段，不但可以杀死辣椒虫害，还可以减少农药的施用量，降低成本投入，提高辣椒产品质量安全程度，获得好的经济效益。辣椒物理防治方法有以下3种。

1. 黄板诱杀蚜虫

调味辣椒露地定植时间主要集中在3月上中旬至5月下旬，在辣椒定植后气温逐渐回暖，此期蚜虫开始活跃，携带病毒病并为害辣椒植株，从而造成辣椒病毒病的第一次高发。

众所周知，蚜虫对黄色具有较强的趋好性。因此，在辣椒定植后在田间悬挂黄板（图5-1），可以有效地诱杀蚜虫成虫，减少病毒病的发生和传播。黄板悬挂标准：5米×5米，即5米1行，5米1块，这样每亩地悬挂黄板数量在30块左右。黄板悬挂高度一般以黄板下边缘距辣椒植株最高点10~20厘米为宜。

2. 黑光灯诱杀

因地老虎成虫、蝼蛄成虫都有趋光性，夜晚活动时，对黑光有趋好性。因此，在辣椒转入正常生长后，在田间悬挂黑光灯，可以有效诱杀地老虎、蝼蛄成虫。每盏黑光灯可以覆盖半径300~500米的范围，诱杀效果理想。

3. 频振式杀虫灯诱杀

夏天夜晚，斜纹夜蛾等虫害的成虫开始活动，因其具有趋光性，所以大多会向着有光的地方聚集，"飞蛾投火"的典故就充分说明了夜蛾强的趋光性。因此，在田间悬挂频振式杀虫灯（图5-2），可以

图 5-1　黄板诱杀蚜虫

图 5-2　频振式杀虫灯

有效地诱杀夜蛾类害虫。悬挂密度：每 30 亩左右悬挂 1 盏灯，采用太阳能式杀虫灯，设定好开关时间，每晚 19：00 以后开灯，第二天凌晨 4：00 关闭，就可以高枕无忧的诱杀夜蛾类害虫了，每隔 15 天左右取下装虫袋,将袋中诱杀的夜蛾等害虫喂鸡、喂鱼,或者集中消灭处理。

### (三) 生物防治

随着我国城镇居民生活水平的不断改善和提升,人们对优质、安全辣椒产品的需求也与日俱增,这就要求从事辣椒生产时,尽量减少化学农药的施用量,以降低辣椒产品中农药残留,并提高产品安全程度。但是,不用化学农业,辣椒就会发病,严重时会造成巨大损失,甚至绝收。近几年,随着我国生物农药研发工作的深入,生物农药的开发利用也取得了巨大的进步,一批生物农药已成为绿色、有机辣椒生产基地的必备。生物防治的主要措施有以下几种。

1. 保护利用病虫害的天敌

辣椒病虫害的天敌,可以辅助椒农捕杀虫害,减少田间虫害的虫口量,从而达到平衡害虫数量的目的。因此,椒农在开展辣椒田间管理时,应特别注意识别天敌,并保护好田间生态条件,营造天敌生长的适宜环境。虫害天敌主要有七星瓢虫、草蛉、蚜茧蜂等,保护并利用好这些天敌可以有效控制田间蚜虫的大发生;此外,还有赤眼蜂,也能较好地控制棉铃虫、烟青虫等虫害的数量。

2. 选用生物农药

科学家们利用链霉素、芽孢杆菌、白僵菌等菌体研制出了一系列的生物农药,对辣椒青枯病、疮痂病、软腐病、叶斑病,烟青虫等病虫害都有较好防治和治疗效果,椒农可结合当地辣椒病虫害发生种类、发生轻重,选择相应的生物农药进行预防和治疗。

### (四) 化学防治

在病虫害发生较严重时,采用农业防治、物理防治、生物防治等手段效果不太理想情况下,可以考虑有选择性地喷施低残留、低毒的化学农药对辣椒病虫害进行预防和治疗。

# 第二节　调味辣椒主要病害防控

## 一、侵染性病害

（一）炭疽病

1. 发病条件

炭疽病属于真菌性病害，病原菌发育温度 12~33℃。高温高湿条件有利于此病发生，气温 26~28℃，相对湿度大于 95% 时，最适宜发病和侵染，而空气相对湿度在 70% 以下时，此病较难发生。连绵细雨及大雾、多露天气，易造成病害流行。排水不良的低洼田、黏性较强重的田块以及种植密度过大的辣椒田，都会加重此病的侵染与流行。

2. 传播途径

辣椒炭疽病病菌主要靠种子、空气、雨水、农事操作等途径传播。没有经过消毒处理的带菌种子在播种后，温湿度适宜的条件下也易发病和传播，因此播种前需要对种子进行杀菌处理。炭疽病发病后，如遇连续降雨，就会随着雨水进行传播；辣椒果实染病后，出现不规则短条形凹陷的褐色病斑，干燥时表皮易破裂，遇到吹风，菌丝就会随空气扩散；椒农在田间操作时，也会将病菌传播到未感病的植株上造成人为传播。

3. 症状识别

炭疽病主要为害辣椒果实和叶片，有时也侵染茎部。叶片受害，初呈水浸状褪绿圆形病斑，边缘褐色，中央灰白色，具有同心轮纹，轮生黑色小点，病叶易脱落；果实受害，果皮表面初生水浸状黄褐色圆形或不规则形病斑，病部中央呈灰褐色隆起的同心轮纹，密生许多小黑点；潮湿条件下，病斑表面长出橙红色黏稠物，病果干缩，易破裂（图5-3）。

**图5-3　炭疽病症状**

### 4. 有效防控

辣椒定植前，确定好合理的定植密度，减少田间植株下部地表高温高湿的小气候，降低炭疽病的发生和传播；多与豆类蔬菜、粮油作物等进行轮作，也可有效降低炭疽病的发生。发病初期，喷洒70%甲基托布津可湿性粉剂600~800倍液，或80%炭疽福美可湿性粉剂800倍液，或50%施保功可湿性粉剂2 500~3 000倍液，或75%百菌清可湿性粉剂800倍液；也可用560克/升阿米多彩悬浮剂1 000倍液+2%加收米水剂500倍液进行前期预防，发病后采用325克/升阿米妙收悬浮剂1 500倍液+2%加收米水剂500倍液进行发病期治疗；7~10天1次，连续2~3次。

（二）疫病

1. 发病条件

辣椒疫病属于卵菌性病害，16～35℃为病菌生长的温度范围，最适宜温度为20～30℃，空气相对湿度达90%以上时发病迅速。因此，夏季大雨后天气突然转晴，空气湿度达80%以上时，病害极易流行和蔓延；地势低洼、排水不良、土壤黏重的地块发病较重；重茬、偏施氮肥、密度过大、植株长势差等均有利于该病的发生和传播。

2. 传播途径

疫病病菌以卵孢子在土壤中或病残体中越冬，主要靠风、雨水流动、大水灌田及农事操作等途径传播，病株处理不当也可以造成人为传播。植株发病后可产生新的孢子囊，形成游动孢子进行再次侵染。

3. 病症识别

辣椒疫病主要侵染幼苗、成株的茎秆、果实等部位。幼苗茎基部染病后呈水渍状小斑块、多呈暗绿色，最后病部褐腐缢缩致上部茎秆倒伏或呈立枯状死亡；成株叶片受害后，产生圆形或近圆形病斑，直径2～3厘米，边缘黄绿色，中间暗褐色，最后致使叶片软腐脱落而枯死；茎秆染病，多出现在茎秆分枝处，产生暗绿色病斑，引起软腐或茎枝折倒（图5-4），为害茎秆时也会出现"半边疯"现象，即在植株的一边发病，另一边正常；果实染病多从果蒂部和果缝处开始，初为暗绿色水渍状不规则形病斑，很快扩展至整个果实，后期常伴有细菌腐生，呈白色软腐；高湿时，病部可见白色稀疏霉层，进入田间就会闻到一股恶臭味；干燥条件下，易形成"僵果"。

4. 有效防控

辣椒疫病是辣椒生产中最重要的病害之一，对产量、品质会造

图 5-4　疫病病症

成极大影响，轻者减产 20%～50%，严重时造成绝收。因此，椒农开展辣椒种植时，特别要注意对疫病的预防和治疗，具体可以从以下几个方面入手。

（1）实施轮作制度。辣椒疫病病菌主要在土壤中越冬，连作情况下，容易造成病害的重复发生。因此，实施必要的轮作，可以有效控制疫病的发生、降低经济损失。目前生产上常用的轮作制度有："辣椒-水稻"轮作、"辣椒-玉米"轮作、"辣椒-小麦"轮作、"辣椒-大豆"轮作、"辣椒-四季豆/豇豆"轮作，以及"辣椒-大蒜"套作等，各辣椒产区可根据当地的种植习惯进行选择。

（2）起垄覆膜避雨栽培。辣椒疫病的发生与土壤湿度和降雨过多有着很大的关系。因此，在辣椒栽培中，可采用起高垄铺设地膜的措施快速将田间雨水排出、降低辣椒根际土壤湿度，减少疫病的发生。高垄的标准为：垄宽 60～80 厘米，沟宽 40～60 厘米，垄高15～20 厘米。

（3）合理密植。调味辣椒种植密度过大，容易造成雨后田间通风不畅，营造局部高温高湿小气候，诱发疫病的发生。因此，在辣椒移栽前，应做好密度安排，不同的品种种植密度不同。推荐种植密度标准：植株较高、开展度大的品种每亩定植 1 800~2 400 窝为宜，植株较紧凑、矮小的品种每亩定植 2 800~3 200 窝为宜。

（4）药剂预防和治疗。在实施化学药剂喷施前，需要先做好以下几步：首先，雨后及时排除田间积水，并将发病萎蔫植株连根拔除，用塑料袋装好，带出田间焚烧或者挖深坑掩埋。其次，用生石灰粉对拔除植株后的田间病窝内进行消毒处理，同时将发病植株方圆 1 平方米内所有植株根基部土壤和田沟进行消毒处理。再次，用福帅得悬浮剂 2 000~2 500 倍液对发病植株原来位置进行灌药杀菌，同时对发病部位周边 1 平方米内植株进行灌根杀菌。最后，再实施全田喷药预防，可选用 2 000~2 500 倍液科佳进行喷雾，也可用 75%百菌清可湿性粉剂 600 倍液，或 72.2%普力克水剂 600 倍液喷雾，每隔 5~7 天喷药 1 次，不同药剂交替防治，连续喷施 2~3 次，可有效预防疫病扩散。

## （三）病毒病

辣椒生产中较为常见的病毒病是黄瓜花叶病毒病（CMV）和烟草花叶病毒病（TMV）。

### 1. 发病条件

辣椒病毒病发病与高温干燥的气候条件和蚜虫的活跃程度密切相关。在高温、干旱，日照过强的气候条件下，辣椒的抗病能力减弱，同时促进了蚜虫的繁殖和扩散，导致辣椒病毒病严重发生；辣椒定植偏晚，或辣椒种植在地势低洼、土壤瘠薄的地块上时，病毒病发病也比较严重；与茄科蔬菜连作，发病也严重。

### 2. 传播途径

辣椒病毒病传播的主要途径有两条，第一是靠昆虫传播，如蚜虫、蓟马等传播；第二是靠接触传播，如机械摩擦、人为接触等传播。黄瓜花叶病毒主要靠昆虫传播病毒，而烟草花叶病毒主要靠机械摩擦、人为接触来传播。此外，辣椒种子带菌和土壤带菌也会造成辣椒病毒病的传播。

3. CMV 和 TMV 的识别

（1）CMV。CMV 是辣椒上最主要毒源，可引起辣椒系统性花叶、畸形、卷叶矮化等，叶片变细，尤其叶尖变细长，有时产生叶片枯斑或茎部条斑（图 5-5）。

**图 5-5　黄瓜花叶病毒病症**

（2）TMV。TMV 主要是在辣椒生长的前期为害，感染后发病往往较重，常引起急性坏死枯斑或落叶，之后心叶呈系统花叶，或叶脉坏死，茎部斑面或顶梢坏死等（图 5-6）。

4. 有效防控

由于辣椒病毒病主要靠种子携带病菌侵染和媒介传播。因此在辣椒病毒病的预防和治疗时，可以针对病毒病的发病原因进行防治，主要有以下几种技术措施。

（1）种子处理。播种前，先用 10%磷酸三钠溶液中浸种 20~30分钟，或放在 1%高锰酸钾溶液中浸种 20~30 分钟，使病毒病菌钝

图5-6　烟草花叶病毒病症

化，捞出种子晾干后即可进行催芽或者播种。

（2）早期防治蚜虫。因蚜虫、蓟马等虫害会传播病毒病，因此，在辣椒病害防控过程中，应加强对早期蚜虫等的预防。可用10%吡虫啉可湿性粉剂2 000~4 000倍液对辣椒田及周边杂草、树木进行喷雾治蚜，只有把蚜虫控制住了，才能有效降低辣椒病毒病的发生和传播。

（3）化学药剂预防。辣椒定植后，随时观察田间变化，如遭遇连续高温干旱天气时，就应结合防蚜虫，对辣椒田喷施预防病毒病的农药进行提前预防。可喷施20%盐酸吗啉胍可溶性粉剂600~800倍液、或20%病毒克星可湿性粉剂600倍液喷雾，或2%宁南霉素200倍液，或1.5%植病灵乳剂1 000倍液等，每隔7~10天喷1次，连续3~4次，选择几种农药交替使用效果更佳。

（四）青枯病

青枯病属细菌性病害，一旦发病，防治不及时或连续遇阴雨天后气温快速回升，极易引发大面积发生，造成辣椒减产减收。

1. 发病条件

青枯病菌在 15~40℃ 范围内均能存活，而在 25~35℃ 时生长最为旺盛；从气温达到 20℃ 时开始发病，地温超过 20℃ 时发病严重。因此，土壤湿度过大、温度过高易引发青枯病，特别是在遭遇连阴雨、或雨后田间积水，气温快速升高时，会造成此病大发生，并快速传播，给防治带来巨大难度。

2. 传播途径

青枯病以病原菌残留在土壤中越冬，第二年 3 月之后温湿度逐渐升高达到一定条件时发生，靠雨水、灌溉水、田间操作过程中造成的伤口或者根结线虫造成的伤口等侵染和传播。

3. 病症识别

青枯病主要为害辣椒植株维管束，造成营养输送受阻而引起植株萎蔫和死亡。发病初期，造成辣椒植株白天萎蔫，夜间恢复正常，连续多天后致使植株死亡，而茎秆仍保持绿色，剖开茎秆，发现茎部维管束变成褐色（图5-7）。将茎基部茎秆切成 3~5 厘米茎段，放于清水中 5 分钟左右就有乳白色黏液溢出，这是识别青枯病和枯萎病的主要区别方法之一。

4. 有效防控

辣椒青枯病属于土传病害，因此在预防时应加强轮作等农业防治措施，再配合化学药剂预防，方可达到一定效果。

（1）与非茄科作物轮作。可将辣椒与玉米或者水稻或者四季豆等蔬菜开展 2~3 年轮作，即连续种植 2~3 年辣椒后，在连续种植 2~3 年轮作作物，可有效降低青枯病的发生和传播。

（2）起高垄覆膜避雨。雨后田间积水，再遇高温天气，最易引发青枯病。因此，采取起高垄并铺设地膜的办法，可以快速将田间雨水排出，并降低膜下土壤湿度，破坏青枯病发生的高温高湿条件，

**图5-7 青枯病病症**

避免此病大发生和流传。

（3）发病初期预防。辣椒青枯病发病初期，应及时拔除病株，用塑料袋装好带出田间并集中深埋或烧毁；然后用生石灰粉对土壤发病部位进行消毒，并将发病中心1平方米范围内所有植株根部土壤都消毒处理；再用农用链霉素3 000倍液，或者甲霜恶霉灵800倍液对病穴进行灌药杀菌。

（4）全田喷药预防。因青枯病流传较快，一旦预防不及时，后期很难治愈，并造成巨大损失，因此辣椒青枯病以预防为主。在发病初期对发病中心进行消毒处理后，再用农用链霉素3 000倍液，或者甲霜恶霉灵800倍液，或者77%可杀得400倍液进行全田喷施预防。

（五）根腐病

1. 发病条件

病菌在土壤中和病残体上过冬，一般多在3月下旬至4月上旬发病，5月进入发病盛期。雨后田间积水或者排水不良的低洼田块等易引起植株根部土壤湿度持续过大，植株根际通气性差、根系呼吸受阻，气温回升后发病，引起植株萎蔫、死亡等；低温高湿、光照不足、土壤黏性过大、通气不良的板结土壤等都易发病。另外，根部受到地下害虫、线虫等为害后，伤口多，有利病菌的侵入造成发病。

2. 传播途径

根腐病病菌主要在土壤中，因此会通过雨水、灌溉水、农事操作等进行传播和蔓延。

3. 病症识别

此病由真菌病害引起，大多在辣椒定植后植株长势较弱时，侵染根和茎基部造成为害，成株期也可发病。发病初期，少量支根和须根感病，并逐渐向主根扩展，主根感病后，早期植株不表现症状，随着根部腐烂程度的加剧，吸收水分和养分的功能逐渐减弱，地上部分因养分供应不足，造成白天植株叶片萎蔫，夜间又能恢复正常，反复几天后致使整株叶片发黄、枯萎，直至死亡。拔除病株，发现根部主根、须根等腐烂、呈褐色，病部出现水浸状褐色斑点，皮层褐色，易剥离腐烂（图5-8）。

4. 有效防控

（1）积极采用农业防治措施。选择排水条件好的坡地或者台地种植辣椒，并加强雨后排水，合理密植，改善田间通风透光条件，采用地膜覆盖栽培等措施均可获得较理想效果。

（2）种子处理。播种前，先将种子用0.2%~0.5%的碱液清洗，再用清水浸泡8~12小时，捞出后放入配好的1%次氯酸钠溶液中浸泡5~10分钟，取出种子冲洗干净后即可催芽或播种。

（3）化学药剂防治。发病前期，用50%福美双可湿性粉剂800倍液，或50%氯溴异氰尿酸可溶性粉剂1 000倍液，或3%甲霜灵恶

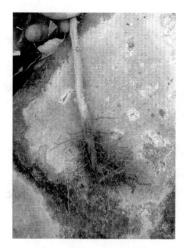

**图 5-8　根腐病病症**

霉灵水剂 800 倍液对发病植株进行灌根，7~10 天灌根 1 次，连续灌 2~3 次；再用 30% 恶霉灵水剂、或 58% 甲霜灵锰锌可湿性粉剂 800 倍液进行叶面喷施，5~7 天 1 次，连续喷施 2~3 次。

## （六）猝倒病

### 1. 发病条件

此病多发生在苗期，棚内温度过高或过低、湿度过大以及苗床播种密度过大等都是诱发猝倒病（图 5-9）的主要原因。当拱棚内苗床湿度达到 90% 左右时，遇到 30~36℃ 的高温或 8~9℃ 的低温，就会发生猝倒病，另外光照不足、苗床播种密度过大、通风不畅、苗床杂草过多等也是猝倒病发病的有利条件。

### 2. 病害识别

辣椒猝倒病是辣椒苗期最常见、最易发生的病害。在早春冷床撒播育苗和穴盘育苗上均可发生，常见症状有烂种、死苗和猝倒。

（1）烂种和死苗。多出现在幼苗出土前期。播种后，在种子尚

图5-9 幼苗猝倒病

未萌发，或刚发芽，或长出胚茎和子叶时就遭受病菌侵染，造成种子腐烂或幼苗死亡。

（2）猝倒。在幼苗出土后到移栽前整个管理时期，均可发病。幼苗遭受病菌侵染时，致幼苗茎秆基部近地面处发生水渍状暗斑，继而绕茎扩展，逐渐缢缩呈细线状，幼苗地上部因失去支撑力而倒伏。此病多呈局部点状发生，预防不及时可扩散到整个苗床。苗床湿度过大时，在病苗或其附近床面上常密生白色棉絮状菌丝。

3. 有效防控

猝倒病是由于苗床湿度过大、温度过高或过低、播种密度过大、通风不畅、光照不足等引发，因此在防控时可针对诱发原因进行针对性的防控。

（1）选择合理的播种密度。在播种时，应选择合适的播种密度，才能有效减少因密度问题提供猝倒病发病的条件。冷床撒播育苗密度控制在每平方米苗床撒种子4~6克；而采用穴盘育苗时，待幼苗出土至两叶一心期间，可进行匀苗补苗，保证每个孔穴内1株幼苗即可，从而增加穴盘上幼苗之间空隙，利于通风透光。

（2）有效管控拱棚温度。拱棚内温度过高或过低均可诱发猝倒病，因此，有效的温度控制可以缓解此病的发生。在幼苗出土前，随时观察天气状况，特别是南方高山地区露地育苗时，晴天中午前后拱棚内温度可达 40℃ 左右，此时，应对拱棚进行遮阳降温处理，可在 11:00—16:00 之间用遮阳网将小拱棚遮蔽，可有效降低棚内温度；而棚内温度过低时，可以采用加热灯、加热线等措施，增加苗床温度。

（3）及时通风排湿。湿度较高是诱发猝倒病发生的重要因素之一。因此，降低湿度可以有效控制此病的发生。幼苗出土前如果拱棚内湿度过大，连续多天拱膜内壁都出现露水时，可适当选晴天 9:00—11:00，将拱棚两端打开进行短时间通风排湿；当幼苗出齐后，需加强通风管理，晴天 10:00—16:00，阴天 12:00—14:00 进行通风降湿。

（4）及时用药防治。当猝倒病发生时，除了进行必要的通风、降温等处理外，需要进行药剂预防。选择在晴天 9:00 打开小拱棚，等幼苗叶面露水挥发干后，选取适量草木灰过筛后，加入 5% 左右的 50% 多菌灵可湿性粉剂或者 30% 恶霉灵水剂 1 200 倍液，混合均匀，撒到发病部位，并用手轻轻拨动幼苗叶片，让草木灰掉落到苗床表面；同时用 72.2% 的普力克水剂 400 倍液对苗床进行杀菌处理。

（七）灰霉病

1. 发病条件

辣椒灰霉病多发生在幼苗出土并长出真叶之后，当拱棚内温度在 20~23℃ 时，达到病菌生长的适宜温度，引发灰霉病发生；连续阴雨天气，棚内相对湿度达 90% 以上，灰霉病发生早且病情严重；当幼苗叶部受机械损伤或者受虫害留下伤口时，更利于灰霉病病菌的侵入。

## 2. 病害识别

苗期灰霉病主要为害叶、茎、顶芽。发病初期子叶先端变黄，后扩展到幼茎，缢缩变细，从病部折倒而死；茎部发病时，在发病部位有水渍状病斑，病部以上枯死；真叶受害时，多从叶尖开始，初成淡黄褐色病斑，逐渐向上扩展成"V"形病斑。灰霉病发病时，病健交界明显，而且病部有灰褐色霉层。

## 3. 有效防控

既然灰霉病发病主要是由于苗床湿度和空气湿度过大、温度相对较低、通风不畅等因素引起，因此，在防控的时候，可以针对上述发病因素进行有效防控。

（1）增温补光处理。当拱棚内温度低于25℃时，应采取增温措施，增加拱棚内温度，如果是在大棚内加小拱棚育苗时，可以在夜间在大棚内悬挂日光灯，既可补光，又可增加拱棚内温度。

（2）通风排湿。由于拱棚内湿度超过90%，更易快速诱发灰霉病，因此，降低拱棚内湿度可减少此病的提早发生和快速传播。选择晴天10：00—16：00进行通风排湿。特别注意在阴天或阴雨天，大多数椒农因为害怕通风造成拱棚内温度降低而往往选择不通风，岂不知这样的做法更易引发灰霉病的发生；因为不通风时拱棚内湿度会持续维持在90%以上，而阴雨天本身气温就不高，拱棚又具备一定增温作用，刚好提供了适宜的温度条件，造成灰霉病大发生。只要温度和湿度有一个条件不能满足灰霉病发生，就可以达到控制此病发病的目的。因此，阴雨天适当通风，可以有效降低饱和的拱棚内湿度，降低灰霉病的发生。

（3）药剂防治。当发生灰霉病时，首先要选择适宜的时间进行通风降湿，同时用速克灵烟雾剂熏蒸大棚，用量为每亩苗床用速克灵烟剂250~300克；发病期，采用50%速克灵可湿性粉剂2 000倍液，或者 25% 多菌灵可湿性粉剂 400 倍液进行喷雾，7 ~ 10 天 1 次，连续 2 ~ 3 次。

## （八）立枯病

### 1. 发病条件

拱棚内温度为 17 ~ 28℃时，立枯病就会发生，20 ~ 24℃是立枯病发生的最适温度，而温度低于 12℃ 或高于 30℃时，病菌生长受到抑制。因此，苗床温度较高，此病发生较重；土壤湿度偏高，黏性土壤以及排水不良的低洼苗床也易引发此病；另外，光照不足，光合作用差，抗病能力弱，"高脚苗" 等也易发病。

### 2. 病害识别

立枯病多发生在幼苗生长的中后期，主要靠雨水、农事操作等传播。主要为害幼苗茎基部或地下根部，初期病部出现椭圆形或不规则暗褐色病斑，幼苗白天萎蔫，夜间恢复正常，随着病菌的不断加重，病部逐渐凹陷、缢缩，逐渐变为黑褐色，当病斑扩大绕茎一周时。幼苗就会干枯死亡，直立而不倒伏。苗床湿度大时，病部可见不太明显的淡褐色蛛丝状霉菌。

### 3. 有效防控

发病初期，可用 50% 多菌灵可湿性粉剂 1 份，加 50 份细干土混合均匀，撒施于幼苗茎基部，效果较好；也可用 20% 甲基立枯磷乳油 1 200 倍液，或 72.2% 普力克水剂 800 倍液喷雾，隔 7 ~ 10 天喷 1 次。立枯病发生时，采用 25% 恶霉灵水剂 400 倍液或者 10% 立枯灵水悬剂 300 倍液进行喷施，特别注意在喷雾时，将喷头稍微放低，使药液尽量喷施到苗床和幼苗茎基部，效果更佳。

## 二、非侵染性病害

### （一）脐腐病

**1. 发病条件**

脐腐病主要是由于植株根系对钙的吸收受阻，造成果实缺钙引发。土壤盐渍化较重时，虽然土壤中含有钙元素，但因土壤可溶性盐类浓度高，根系对钙的吸收受阻，造成植株缺钙；土壤中施用铵态氮肥或钾肥过多时也会阻碍植株对钙的吸收，造成缺钙症状；另外，土壤干旱，空气干燥，连续高温时也易出现大量的脐腐病果。

**2. 病症识别**

辣椒脐腐病主要为害果实，在果实脐部附近发生，初呈水浸状，病部暗绿色或深灰色，逐渐变为暗褐色、黑色，果肉失水，顶部凹陷，病斑中部呈革质化，扁平状；有的果实在病健交界处开始变红，提前成熟。发病后极易引发次生病害，如灰霉病、日灼病、黑霉病等病害发生。

**3. 有效防控**

脐腐病主要是由于辣椒植株从土壤中吸收钙元素受阻造成，与土壤结构、化肥种类以及灌溉方式等有直接关系，因此在预防时应做到以下几点。

（1）选地施肥。辣椒种植前，应选土壤肥沃、透气性好、排灌方便的田块进行辣椒种植；在施肥时，减少铵态氮肥和钾肥的一次性投入，应采用底肥配合追肥的办法施入，最好采用膜下灌溉技术，根据辣椒植株长势进行逐步施入。

（2）合理灌溉。在辣椒植株生长过程中，应避免对辣椒田进行大水漫灌，最好采用少量多次的小水灌溉，或者应用膜下滴管技术效果更佳。

（3）增施钙肥。辣椒缺钙主要是根系吸收钙元素受阻，可采用叶面喷施含钙微肥效果较理想。进入结果期后，用 0.1%~0.3% 的氯化钙或硝酸钙水溶液对叶面进行喷施，每 7~10 天 1 次，连续 2~3 次。

（二）日灼病

1. 发病条件

辣椒种植密度过小、或植株长势较差等原因，造成植株间距较稀，田间空隙过大，致使果实暴露在太阳光下，引起太阳直射而形成；天气炎热、土壤缺水，或忽雨忽晴、多雾等条件也容易发病。

2. 病症识别

日灼病主要为害辣椒果实，造成果面浅白色圆形或近圆形病斑，如开水浸烫状。发病中后期，易引发次生病害如灰霉病、炭疽病等发生。

3. 有效防控

选用耐热品种，并合理密植，减少太阳直射辣椒果实；加强辣椒定植后肥水管理，培育壮苗，增加辣椒叶面积；采用"辣椒+玉米""辣椒+小麦"等套种模式，利用玉米等高秆作物对辣椒进行遮阳降温，减少日灼病的发生。

# 第三节　调味辣椒主要虫害防控

## 一、烟青虫

（一）生活习性

烟青虫以幼虫取食嫩叶表皮组织，形成孔洞或缺刻，也蛀食花蕾、嫩果等；1~2 龄幼虫昼夜取食，3 龄后食量增大，开始为害叶片、果实等，白天多潜伏于寄主叶下或土缝间，夜间活动为害。成虫白天多隐蔽在作物叶背或杂草丛中，夜晚或阴天活动。

（二）为害特征

烟青虫主要以幼虫蛀食花、果而造成为害。1~2 龄幼虫主要为害花、嫩叶和生长点；3 龄以后为害辣椒果实，整个幼虫钻入果内，啃食果肉、胎座，并在果内缀丝，排留大量粪便，造成果实表面留有洞口、内部组织损坏而失去商品价值（图 5-10）。

**图 5-10　烟青虫为害特征**

（三）有效防控

1. 诱杀成虫

有效控制成虫虫口量，可以减少虫卵的数量，从而降低幼虫对辣椒花、叶和果实的为害；诱杀成虫多采用糖醋液来诱杀，糖醋液配比可参考糖、醋、酒、水按照3：4：1：2的比例进行配制。

2. 化学药剂防治

1~2龄的烟青虫，主要在辣椒植株叶部、生长点等部分活动，且抗药性较弱，3龄后开始钻入辣椒果实为害，再喷药防治，效果就不太理想。因此，1~2龄烟青虫是防治的最佳时期，可采用2.5%溴氰菊酯乳油2 000倍液，或2.5%功夫菊酯乳油（氯氟氰酯）2 000倍液喷雾进行防治，7~10天1次，连续2~3次。对于钻入果实的3龄后烟青虫，可采用"苏云菌杆菌+夜光灯"混配药液进行喷药防治，可将高龄幼虫杀死在果实内部，避免扩散为害。

## 二、蚜虫

### （一）生活习性

蚜虫（图5-11）是繁殖最快的昆虫，具有相当强的迁飞能力、群集性、趋嫩性等特点。蚜虫一年能繁殖10~30个世代。当蚜虫群体密度过高或植株老化或生长不良时，就会出现大量的有翅蚜虫迁飞扩散，并借风传播，扩大为害范围。蚜虫的有翅成虫对黄色具有很强的趋向性，对银灰色则有负趋向性，在温暖干燥环境下生活，当气温在18~25℃，相对湿度在75%以下时，可大量发生繁殖，春末夏初和秋季是两个为害高峰期。

### （二）为害特征

以成虫、幼虫群集在辣椒的叶背、嫩叶、花梗上吸食汁液为害，同时造成病毒病传播，引起受害叶片黄化、卷缩、植株矮小、生长不良等病状。

图 5-11　蚜虫

## （三）有效防控

蚜虫因具有较强的迁飞性和传播病毒病能力，因此，在预防蚜虫时，需要采用综合防治措施，才能达到理想效果。

### 1. 诱杀成虫

因蚜虫对黄色具有正向趋性，而对银灰色具有反向趋性，因此在防治蚜虫的时候，可以充分利用蚜虫的趋性进行针对性的防治。

首先，在田间悬挂黄板，采用 5 米×5 米间距，每亩地悬挂 30 块左右，进行诱杀成虫；同时，在田间铺设银灰色地膜，可以趋避飞入辣椒田的蚜虫，减少蚜虫为害。

### 2. 喷药防治

当辣椒植株上蚜虫虫口率达 10%~15% 或平均每株有虫 3~5 只时，可结合诱杀采用化学药剂防治，选用 10% 吡虫啉可湿性性粉剂 2 000 倍液，或 2.5% 溴氰菊酯乳油，或 20% 速灭杀丁乳油 2 000~3 000 倍液防治喷雾，效果较好。

在喷雾防治蚜虫时，注意将喷头翻转，从辣椒植株下部向上进行喷雾，使药液能均匀喷在辣椒叶片背面，特别是辣椒幼嫩叶片背面，效果更佳理想。

## 三、茶黄螨

### （一）生活习性

茶黄螨属喜温性害虫，发生为害最适气候条件为温度 16~27℃，相对湿度 45%~90%；以受精的雌成螨在果树的根基周围、石块、树干的粗皮裂缝、根蘖苗、落叶杂草群集处越冬。3—4 月开始出蛰，在辣椒移栽并进入开花期时，茶黄螨开始为害。5—6 月麦收前后进入高温、干旱季节，进入繁殖高峰期，是对辣椒为害较重的 1 个时期；9 月之后，秋高气爽，高温干旱天气再次降临，也为茶黄螨繁殖提供了适宜的温度，造成第 2 次为害高峰。

### （二）为害特征

以成螨或幼螨聚集在辣椒幼嫩部位及生长点周围或辣椒果实等部位刺吸植物汁液，进行为害。嫩叶及生长点受害时，初期造成叶片缓慢伸开、变厚、皱缩、叶色浓绿，严重时，造成辣椒顶端叶片变小、变硬，叶背呈灰褐色，具油质状光泽，叶缘向下卷，致生长点枯死，不长新叶，其余叶色浓绿，幼茎变为黄褐色（图 5-12）；果实受害时，果面变为黄褐色至灰褐色，粗糙，无光泽，果面出现网纹。

### （三）有效防控

因茶黄螨主要破坏辣椒生长点，造成植株生长停止，并导致果实商品差，造成较大损失。因此，需要加强对茶黄螨的提前预防工作。

图 5-12　茶黄螨为害特征

1. 防治方法

对于茶黄螨药剂防治的关键是及早发现田间中心株，并及时防治。喷药的重点是将喷头对准植株上部幼嫩部位，并将喷头翻转，对准叶片背面进行施药。

2. 化学药剂治疗

可选用 73% 炔螨特乳油 1 000~1 200 倍液，或 35% 杀螨特乳油 1 000 倍液，或 20% 螨克 1 000~1 500 倍液喷雾防治。第 1 次喷药后 3~5 天内喷第 2 次，效果更佳，之后每隔 7~10 天喷 1 次，连续 3 次。

## 四、蓟马

### （一）生活习性

蓟马喜欢温暖、干旱的天气，适宜温度为 23~28℃，空气湿度为 40%~70%，湿度过大不能存活，当湿度达到 100%，温度达 31℃ 以上时，若虫全部死亡。蓟马的成虫活泼，擅飞能跳，又能借风力传播，蓟马具有趋嫩绿、趋蓝和怕光的习性，白天一般集中在叶片背面为害，阴雨天、傍晚可在叶面活动（图5-13）。

图5-13　蓟马

## （二）为害特征

蓟马以成虫和若虫锉吸辣椒植株幼嫩组织（枝梢、叶片、花、果实等）汁液，被害的嫩叶、嫩梢变硬、叶片缺口而卷曲，植株生长缓慢，节间缩短；幼嫩果实被害后会硬化，严重时造成落果，影响产量和品质。

## （三）有效防控

### 1. 蓝板诱杀

利用蓟马对蓝色趋向习性，在田间悬挂蓝色黏虫板，诱杀成虫，黏板高度与作物持平。

### 2. 化学药剂防治

可选择5%啶虫脒可湿性粉剂250倍液、或20%好年冬2 000倍液喷施，也可用60克/升艾绿士悬浮剂进行防治效果更佳，为提高防效，农药要交替轮换使用。在喷雾防治时，选择晴天9:00过后植株叶片露水挥发干后喷施，特别注意将喷头对准辣椒生长的幼嫩部位和叶片背面，效果更理想。

## 五、蛴螬

### （一）生活习性

蛴螬（图5-14）是金龟甲的幼虫，别名白土蚕、核桃虫；成虫通称为金龟甲或金龟子。幼虫体肥大，体型弯曲呈"C"形，多为白色，少数为黄白色，头部褐色，头大而圆，多为黄褐色；一到两年1代，以幼虫和成虫在土中越冬。白天藏在土中，20:00—21:00进行取食；蛴螬有假死和负趋光性，并对未腐熟的粪肥有趋性。蛴螬主要在地下活动，与土壤温湿度关系密切，当10厘米地温达5℃时开始向地表活动，13~18℃时活动最盛，气温高于23℃时则往深土中移动，秋季土温下降到其活动适宜范围时，再移向土壤上层。

**图5-14 蛴螬**

### （二）为害特征

采用撒播育苗时，蛴螬主要为害辣椒种子、幼苗的根和茎等。撒种后，蛴螬会将种子啃食而破坏种子萌芽，当辣椒幼苗出土后，蛴螬则会啃食幼苗根部或者茎部，造成幼苗萎蔫或者倒伏而死亡。

## （三）有效防控

### 1. 农业防治

南方地区可实行水、旱轮作，创造土壤厌氧条件，致使蛴螬幼虫因缺氧而死；北方地区可以在冬季深翻土壤，将蛴螬幼虫翻出地表遭受低温而死，也可用冷水淹田，杀死幼虫。

### 2. 药剂防治

整地前，每亩撒施 5% 辛硫磷颗粒剂 3~5 千克，深翻入土壤，然后再开厢播种育苗，可有效杀死土壤中幼虫。辣椒幼苗出齐后，取 200~250 克 50% 辛硫磷乳油，或者 2.5% 溴氰菊酯乳油 100 毫升稀释 10 倍，然后喷于 25~30 千克细土，拌匀制成毒土，19:00 后撒于苗床上和四周，可有效防治幼虫为害。

## 六、蝼蛄

### （一）生活习性

蝼蛄（图 5-15）一般昼伏夜出，18:00 过后逐渐开始活动，21:00—23:00 为活动取食高峰期，若虫有群集性，成虫则有趋光性、趋粪性、喜湿性等特性。一般以成虫、若虫在土壤中越冬。

### （二）为害特征

蝼蛄以成虫、若虫在土壤中咬食刚播下的辣椒种子和出土后的辣椒幼苗茎基部造成为害，被咬部位呈乱麻状，造成幼苗地上部分枯萎而死亡；蝼蛄夜间在表土活动时，会将苗床土层穿成隧道，使幼苗根系与土壤分离，孔隙度增大，外部空气进入而造成土壤失水过快，致使幼苗根系缺水而萎蔫；为害严重时，直接将幼苗茎基部

图 5-15  蝼蛄

咬断造成缺苗。

（三）有效防控

1. 物理防治

可利用蝼蛄对粪便的趋性，用潮湿的鲜马粪进行诱捕，然后再人工消灭；另外，蝼蛄成虫有趋光性，夜晚出来活动时，可用黑光灯诱杀。

2. 药剂毒杀

可用 50% 辛硫磷乳油 200 克，或者 2.5% 溴氰菊酯乳油 100 毫升对水稀释 10 倍后，再与 25 千克稀土混合均匀，于晴天 18:00 过后，将药土撒于苗床床面和苗床四周，来毒杀蝼蛄。

# 七、地老虎

（一）生活习性

地老虎（图 5-16）多数为 6 龄，1~2 龄幼虫对光不敏感，昼夜活动取食；4~6 龄幼虫表现出明显的负趋光性，晚上出来活动取食。

成虫具有远距离迁飞性，迁飞能力强，一次迁飞距离可达 1 000 千米以上；昼伏夜出，白天潜伏于土缝中、杂草丛中、屋檐下或者其他隐蔽处，夜间出来活动，进行取食、交配和产卵，以晚间 19: 00—22: 00 活动最盛；具有趋光性和趋化性。

图 5-16　地老虎

## （二）为害特征

地老虎俗称土蚕、切根虫等，在辣椒定植后较多发生。主要以幼虫为害辣椒幼苗，显著特征是将定植后的辣椒幼苗茎基部咬断，造成缺苗。1~2 龄幼虫还可咬食幼苗顶端嫩叶，但食量较小，3 龄后白天潜伏，夜晚出土活动，从地表将幼苗茎基部咬断后拖入土穴，幼苗主茎逐渐木质化后改食嫩叶、叶片及生长点；5~6 龄食量大增，每条幼虫一夜能咬断幼苗 4~5 株，多的可达 10 株以上。

## （三）有效防控

### 1. 农业防治

南方地区可实行水旱轮作，北方地区冬季温度低，可实行冬季灌田或深翻土壤，杀死越冬的害虫；移栽前除草，定植后及时除草，

清除幼虫的寄居场所。

2. 诱杀

（1）诱杀成虫。成虫数量较少时，可采用糖醋液（酒、水、红糖、醋按照 1 : 2 : 3 : 4 的比例配制，并加入少量敌百虫混合均匀）诱杀，白天盖住诱液，晚上揭开；当成虫数量较大时，可采用黑光灯诱杀。

（2）诱杀幼虫。可选用 2.5% 溴氰菊酯乳油 100 毫升加水适量，与 50 千克细土拌匀配成药土，每亩施 20~25 千克，18:00 以后，顺垄撒于幼苗根际附近。

3. 药剂防治

辣椒定植后，采用 2.5% 溴氰菊酯乳油 400 倍液，18:00 过后，用喷雾器将药液喷施到辣椒植株茎基部土壤中，第二天早上到田间检查，杀死没有完全死亡的幼虫。

# 第六章　调味辣椒与餐饮

## 第一节　调味辣椒主要制品

辣椒作为重要的调味品，在菜肴烹饪过程中起到调味、增色等重要功能，不同的调味品在菜肴制作、烹饪过程中的使用方法各异。目前，我国主要的调味辣椒制品有以下几种。

### 一、制干调味品

#### （一）辣椒干

辣椒干，是指将鲜红辣椒通过自然风干或晒干以及利用烘干机等机械烘干而获得的干制辣椒。我国新疆、内蒙古、河南省等地红辣椒采收季节气候干燥，光温条件优越，适合自然风干和晒干；而南方地区在红辣椒收获季节，雨水较多、湿度偏大，不利于自然晒干，常采用烘干机或炕将红辣椒烘干，如贵州省、重庆市、四川省等地。辣椒干是用于生产辣椒粉、辣椒丝、辣椒圈、豆瓣酱以及提取辣椒素等调味品的主要原料，主产区在贵州省、云南省、新疆、河南省、山东省、内蒙古、重庆市、陕西省、四川省等地。

#### （二）辣椒粉

辣椒粉，是指利用机械将辣椒干粉碎成不同目数的粉状物。精选品可用于出口创汇，粗选品主要用于制作辣椒蘸碟、油辣子、辣椒油等，如四川省、重庆市等地用辣椒粉制作蘸碟、辣椒油，陕西省、河南省等地用制作油泼辣子等。此类调味品主要销往四川省、重庆市以及北方部分省份。

## 二、制酱调味品

### （一）豆瓣酱

豆瓣酱是四川地方特有的辣椒调味品，主要采用线椒、羊角椒等原料，辅以发酵蚕豆、盐等，经过 3 个月以上日晒夜露等发酵过程生产而成，是川菜的主要调料。发酵时间越长，豆瓣酱酱香味越浓，品质就越佳；全国除了四川省、重庆市外，黑龙江省、山东省、河南省、云南省等地也有豆瓣酱加工产品。

### （二）辣椒酱

辣椒酱是以线椒、朝天椒、黄灯笼等辣椒为主要原料，将新鲜辣椒切成或打成粉末状，再加入蒜、香料等辅料调配而成。以贵州省、湖南省、海南省等地生产的辣椒酱最出名，其中贵州省的辣椒酱主要以线椒、朝天椒为原料制成，有低辣、高辣等不同辣度类型，可以满足不同食辣人群选择；湖南的辣椒是以黄线椒、朝天椒等为原料制作而成，也有不同辣度等级的产品供消费者选择；海南省的辣椒酱主要是用黄灯笼辣椒为原料，加上南瓜酱、蒜等辅料制作而成，具有高辣特性，仅适合对辣度需求高的人群食用。辣椒酱可直接食用、也可用于拌面、佐餐等。

### （三）剁辣椒

剁辣椒是湖南省的特有辣椒调味品，以线辣椒、朝天椒等鲜椒为主要原料，清洗干净后剁成小碎块，加盐后进行密封腌制一个月以上而成。是湖南剁椒鱼头的重要调味品，也可直接食用。

## 三、复合调味品

### （一）火锅底料/鱼调料

火锅调料/鱼调料是四川省、重庆市两地重要的辣椒复合调味制品，主要用于火锅、鱼锅等的调味。原料主要有二荆条、三樱椒、石柱红、印度椒等干辣椒、辅以牛油、色拉油、郫县豆瓣、滋粑辣椒、豆豉、生姜、蒜、花椒等调料炒制而成。主要在四川省、重庆市两地用量较大，随着四川省、重庆市的火锅在全国不断推广和接受，全国大部分地区火锅的销量也在与日俱增。

### （二）辣椒油

辣椒油，是将不同辣度、不同香味的辣椒干按照一定比例炒干后粉碎成粉状，放入盛有白芝麻、八角、香叶、山奈、姜、蒜、花椒、小茴香等调料的盆里，然后将菜籽油加热到240℃左右，加入洋葱烹炸，达到增香、除异味和降低油温，当油温降到120℃左右时，分三次倒入盛有辣椒粉的盆里，并一边倒一边搅动，待油温稳定至常温时即可使用。辣椒油在四川省、重庆市等地消耗较多，主要用于制作火锅底料、鱼调料等。

## 四、精深加工制品——辣椒素

辣椒素，是选用高辣度辣椒品种，采用相应的技术、设备萃取出的一种天然辣椒碱类化合物。主要应用于食品添加剂或催泪弹等军工行业。辣椒素也可在火锅中应用，因为常规火锅用的是干辣椒，在煮汤过程中，辣椒素逐渐释放出来，所以大多消费者在食用火锅时，经常会遇到越吃越辣的现象，造成后边加入的菜品因太辣而无法食用，造成浪费。随着我国辣椒素萃取技术的不断改进，未来的火锅可以通过添加一定量的辣椒素而定制成不同辣度的火锅，不但可以满足不同食辣群体需求，也有利于食材的有效利用。目前我国用于辣椒素提取的辣椒品种有云南的涮涮辣，辣度可达100万史高维尔指数。

# 第二节　调味辣椒与各地名菜

## 一、四川省特色传统名菜

### 1. 麻婆豆腐

是著名的川菜之一，其口味独特，口感顺滑，具有麻、辣、烫、香、酥、嫩、鲜、活等特色。麻味来自花椒，辣味来自辣椒，这道菜突出了川菜"麻辣"的特点，主要原料为有豆腐、牛肉末（也可以用猪肉）、辣椒和花椒等。采用的辣椒调味品主要有豆瓣酱、辣椒粉。

### 2. 回锅肉

也是著名的川菜之一，口味独特，色泽红亮，肥而不腻，入口浓香，是下饭菜之首选。制作原料主要有猪肉、青椒、豆瓣酱、蒜苗、酱油、盐等。采用的辣椒调味品主要有豆瓣酱、豆豉、鲜椒等。

### 3. 水煮牛肉

是四川的特色传统名菜，具有麻辣味厚，滑嫩适口，香味浓烈，兼具川味火锅麻、辣、烫的风味。主料有瘦黄牛肉；辅料有豆芽、鸭血、肉汤、莴笋或者其他蔬菜、粉丝；调料有葱、精盐、酱油、花椒、味精、熟菜油、干辣椒、辣椒油、胡椒粉、醪糟汁、湿淀粉、豆瓣酱。采用的辣椒调味品有豆瓣酱、干辣椒等。

4. 宫保鸡丁

是一道闻名中外的特色四川传统名菜，具有红而不辣、辣而不猛、香辣味浓、肉质滑脆，入口鲜辣等特点。主料为鸡肉，佐以花生米、黄瓜、辣椒等辅料烹制而成。采用的辣椒调味品主要为干辣椒。

5. 泡椒牛蛙

一道色香味俱全的川渝地区的名菜，属于川菜系，具有味咸鲜，肉细嫩，色红亮，泡菜香气浓郁等特色。主要原料有牛蛙、泡红辣椒、泡姜、大葱、胡椒粉、干豆粉、料酒等。采用的辣椒调味品为泡辣椒。

## 二、湖南省特色传统名菜

1. 剁椒鱼头

是湖南省的传统名菜，菜品色泽红亮、味浓、肉质细嫩，肥而不腻、口感软糯、鲜辣适口。主料有鳙鱼鱼头、剁椒，辅料有豉油、姜、葱、蒜等。采用的辣椒调味品为剁辣椒。

2. 口味虾

又名麻辣小龙虾、长沙口味虾、香辣小龙虾等，是湖南省著名的传统小吃，味辣鲜香，色泽红亮，质地滑嫩，滋味香辣。主要原料有小龙虾、干红辣椒、植物油、精盐、味精、酱油、生姜、大蒜、葱花等。采用辣椒调味品为干辣椒。

## 三、重庆市特色传统名菜

### 1. 来凤鱼

是近年来重庆"江湖菜"流行之鼻祖，是在继承川菜传统烹制手法的基础上烧制而成，具有"麻、辣、烫、嫩"等特色。主料为草鱼，辅料有干辣椒节、干辣椒面、胡椒面、花椒面、花椒、豆瓣酱、泡椒等。采用的辣椒调味品有干辣椒、辣椒粉、泡辣椒、豆瓣酱等。

### 2. 毛血旺

是一道著名的重庆特色菜，也是渝菜江湖菜的鼻祖之一，其汤汁红亮、麻辣鲜香、味浓味厚、开胃下饭、促进食欲的特点。主料有生鸭血、毛肚杂碎、鳝鱼片、午餐肉等，辅料有黄豆芽、黄花菜、莴笋、木耳、生姜、大蒜等。采用的辣椒调味品有火锅底料、豆瓣酱、干辣椒等。

## 四、贵州省特色传统名菜

### 1. 泡椒板筋

是一道非常典型的黔菜，具有色泽红亮、酸辣爽口、滑脆鲜嫩、咸鲜、微辣等特点。主料有新鲜大猪通脊肉内筋、泡椒，辅料有蒜苗、姜、调和油、嫩肉粉等。采用的辣椒调味品为泡辣椒。

### 2. 糟辣脆皮鱼

是贵州省贵阳市的传统名菜之一，属于黔菜系。此菜油亮色红、鲜香可口，略带有酸、甜、咸、微辣，其味无穷。主要原料有草鱼、糟辣椒、姜、葱、蒜、盐、味精、酱油、糖等。采用的辣椒调味品为滋粑辣椒。

## 五、江西省特色传统名菜

1. 余干辣椒炒肉

属赣菜系饶帮菜一支，是江西省上饶市余干县的一道名菜，具有辣嘴不辣心、皮薄肉厚的特点。主料有五花肉、余干枫树辣椒，辅料有豆豉、蒜末、姜末、淀粉等。采用的辣椒调味品为鲜辣椒。

2. 莲花血鸭

属赣菜系萍乡菜一支，是江西省萍乡市莲花县的一道特色名菜。具有色泽紫红油亮、鸭肉脆嫩、味鲜辣可口等特点，备受食客的青睐。主料为莲花血鸭、鲜红椒、蒜头、姜、葱、油、盐、味精、胡椒粉、香油等。采用的辣椒调味品有干辣椒、线辣椒。

# 主要参考文献

李云，张永发，王绍祥，等，2010. 丘北辣椒产业现状及发展对策［J］. 辣椒杂志（4）：6-10.

上官金虎，王周录，史联联，等，2000. 线辣椒"8819"品种选育及栽培技术［J］. 蔬菜（3）：8-9.

宋占锋，李跃建，滕有德，等，2016. 辣椒新品种川腾10号的选育［J］. 中国蔬菜（2）：65-67.

宋占锋，滕有德，李跃建，等，2012. 辣椒穴盘育苗技术［J］. 种子，31（11）：122-123.

宋占锋，滕有德，李跃建，等，2012. 四川盆地露地辣椒高产栽培技术［J］. 辣椒杂志（1）：25-27.

宋占锋，滕有德，张仕芬，等，2013. 辣椒撒播育苗技术要领［J］. 辣椒杂志（3）：16-17.

张和喜，王群，王鹏，等，2012. 贵州辣椒产业发展现状及发展思路分析［J］. 广东农业科学（3）：40-42.

邹学校，2009. 辣椒遗传育种学［M］. 北京：科学出版社.